本書刊行の経緯

　本書は『ダットサン開発の思い出』と題して、平成21年に原禎一氏ご自身が刊行されたものです。当時、小社編集部が編集協力をさせていただきました。

　その後、残念ながら原氏は逝去されましたが、本書には原氏が手掛けられ、日本が誇るべき往年の名車「ダットサン」の開発にまつわる記録が、担当者でなければ書き得ないリアリティをもって、詳細につづられています。

　小社では昭和が去り、平成も終わろうとするいまだからこそ、本書を復刊する意義は大きいと考えました。そして原氏のご長男・原眞一氏のご賛同を得て、そのご協力のもと、収録写真を加えるなど内容のさらなる充実を図り、本書を復刊いたしました。

　昭和の時代の技術者たちがいかにしてダットサンをつくりあげ、日産を世界的ブランドに押し上げていったのか。日本が敗戦から立ち上がり、名実ともに自動車大国へと発展していく時代を創った技術者の記録を、ぜひお読みいただけたらと思います。

　なお、本書はもとの私家本の巻頭に年代を追っての写真、巻末年表などの資料ページを増補し、『ダットサン車の開発史―日産自動車のエンジニアが語る1939-1969』とタイトルを付して刊行いたしました。増補ページ制作にあたっては原眞一氏、そして日産自動車グローバルエンゲージメント部の中山竜二氏、荒川幸隆氏より、貴重な写真をご提供いただきました。深く御礼申し上げます。

グランプリ出版　小林謙一
山田国光

著者・原禎一氏を偲ぶ

　原禎一氏は戦争直前の昭和14(1939)年に日産に入社した。そして終戦直後から吉原工場に勤務し、戦前型ダットサンの改良と再生産に取り組む。原氏の日産における本格的な技術者人生の始まりである。

　戦後の粗悪な材料や加工機材の劣化など、過酷な条件のなか、1121型にはじまる4桁番号のダットサントラック、DA、DB、DSなどの乗用車の開発とクレーム処理を手掛けた原氏は、その経験を戦後型のダットサン開発に生かしていく。

　ダットサンは戦前から日本の小型自動車の主流であったが、昭和30(1955)年発表の110型乗用車、120型トラックに始まる新しい時代のダットサンも「故障しない、壊れない」にまず取り組み、「人や荷物を速く安全に経済的に運搬する」ことを旨として開発された。その結果、110型は丈夫で機能的な設計が称賛されて、毎日産業デザイン賞に輝くことになる。

　その後1000ccエンジンを搭載したダットサン210型で過酷な豪州ラリーに参戦、クラス優勝を果たし、1960年代日本にモータリゼーションがおとずれると、原氏は「日本の悪路でも耐久性に富み、かつ欧州車に伍して走れる」クルマの開発に取り組み、富士山麓での苛烈なテストと改良を繰り返して、ブルーバード310型とダットサントラック320型を生み出した。

　原氏は、VWやオースチンミニの開発思想に感銘し、重視していた。すなわち自動車のあるべき姿を実現するには技術者が日々新たな発明に挑戦し、寿命の長い商品を設計することであるとする考えである。原氏たち技術者が、この信念をもって開発したダットサンは、その経済性と性能が日本だけでなく海外でも高く評価され、ダットサントラックは米国日産を長く支える屋台骨となり、またブルーバードは410、510型と発展、510型は世界の主要ラリーに参戦して、日産の名を世界に轟かせた。

　今日「技術の日産」と称される日産の技術力、そしてブランド力は、原氏をはじめとする当時の技術者たちの強い思いと実行力によって、その礎が築かれていったといえるであろう。

昭和48(1973)年、原氏は常務兼メキシコ日産社長となり、現地生産体制の拡充にいそしむ。さらに昭和54(1979)年には専務に昇格、輸出部門を掌握して輸出累計一千万台を達成するなど、設計開発部門を離れたのちも日産の経営に邁進し、今日のグローバル企業日産への発展に貢献した。

　重役を歴任するなかで、原氏が唱えた数々の経営理念のひとつに「一度失敗した人にも一回は次のチャンスを作ってあげよう。失敗は非常に勉強になった筈だから」というものがある。

　企業は人が創るものである。大企業の中にあって原氏は、真摯に仕事に向かう厳しさとともに、後進への優しいまなざしも併せ持っていた。日産という、日本の自動車業界を代表する企業の歴史を築き上げてきた人物の一人である原氏の功績と人柄に心から敬意を表したいと思う。

日本モータリゼーション研究会　清水榮一

原禎一(はら・ていいち)氏　略歴

大正 5 (1916) 年	下関市に生まれる
昭和14 (1939) 年	東京帝国大学工学部機械工学科卒業、日産自動車(株)入社。第一設計部配属
昭和14 (1939) 年	召集にて山口歩兵連隊に入隊、技術幹部候補生教育後相模兵廠研究所勤務
昭和19 (1944) 年	召集解除により日産自動車(株)に復職、吉原工場発動機設計課配属
昭和22 (1947) 年	吉原工場工務部技術課長としてダットサンの再生産と品質改良に取り組む
昭和24 (1949) 年	設計部吉原分室長(課長待遇)。新ダットサン(110、120型)の企画に取り組む
昭和29 (1954) 年	設計部車体設計課長。小型エンジンとダットサン(210型)の開発に取り組む
昭和30 (1955) 年	設計部企画室員(課長待遇)。初代ブルーバード(310型)の企画に取り組む
昭和34 (1959) 年	第二企画室長兼設計部長。第二代目ブルーバード(410型)、セドリック(30型)、プレジデント(150型)の企画に取り組む
昭和38 (1963) 年	取締役就任、第一設計部委嘱。初代ローレル(C30型)、第三代目ブルーバード(510型)、Z(S30型)等の企画に取り組む
昭和44 (1969) 年	取締役サービス部長委嘱
昭和48 (1973) 年	常務取締役、メキシコ日産社長に就任
昭和54 (1979) 年	専務取締役就任。輸出部門管掌
昭和60 (1985) 年	日産自動車(株)退任
平成24 (2012) 年	日本自動車殿堂　殿堂者(殿堂入り)
平成26 (2014) 年	7月22日　逝去

1939年（原禎一氏入社当時）～戦後の生産再開のころ

終戦後、連合軍は進駐すると同時に横浜の第2地区、第3地区の大部分、浜松町工場などを接収したため、（中略）ダットサン関係の機械設備は主に吉原工場に移された。吉原ではこれを使用してダットサン生産の再開計画が具体化し、散在していた治工具、部品および図面をかきあつめて整備し、生産の準備に取り掛かった。〔P16より〕

原氏が日産に入社した1939年当時に生産されていたダットサントラック17T型

ダットサントラック1121型（1946年）

最初に戦前のストック部品をかき集めてなんとか車に仕立てようとしたが、キャブボディーについては部品もプレスの型もそろわず、やむをえず天井だけ鉄板で、あとは木骨木板の車体をつくった。ドアガラスは横にスライドするものでなんとか雨をしのぐ程度のものであった。これが1121型である。〔P29より〕

ダットサントラック5147型（1951年）

昭和20年代は生産の都合およびクレーム対策のために各所の変更が相次ぎ、そのつど型式番号を変更するのが煩わしいのと、どの部位の変更があったか関連づけが困難であったので、トラックについては便宜上車両を4部分に区分して（中略）型式番号をとることにした。〔P22-23より〕

昭和22年に少量ではあるが、GHQより小型乗用車の生産を許可された。乗用車は長い間生産されていなかったため、図面も型もそろわず、戦前のなつかしいダットサン乗用車の生産は望めないので、吉原工場よりキャブフロント付のシャシーを出荷し、京浜地区の外注工場で、ほとんど図面なしで少量の生産が開始された。これはDA型スタンダードセダンとして、昭和22年11月から発売された。〔P30より〕

戦前のダットサン乗用車（17型／1938年）

1947年に発売されたDA型セダン

DS-2型 (1950年) のフロント (左) とリア (右)

乗用車の生産はオリジナル設計のものはできないので、シャシーを吉原工場で生産し、車体およびその架装は外部に委託した。主としてスリフト型は住江製作所に、デラックス型は中日本重工菱和製作所 (後の三菱重工業) で生産された。それらの型式番号としては、スタンダード型、スリフト型、コンバー型はDSに数字を、デラックス型にはDBに数字を付けて、DS-2型、DB-4型などとした。最初のモデルには数字が付かない。〔P25より〕

ダットサンDB-2型 (1951年)

新設計された車体の乗用車DB型デラックスセダンを(中略)昭和23年3月に発売した。このDB型は当時米国で生産されていた小型乗用車クロスレーに似ていた。名前ほどデラックスな車ではなく、シャシーはスプリングやフレームなど一部の変更はあったが、ほとんどトラックと共通のものであったので、車体重量をうまく支持できず、かなり故障も多かった。しかし、このモデルは何回か改良を継続しながら、昭和29年末まで約7年間、ダットサン乗用車の主流として、その命脈を保ってきた貴重な車である。〔P30-31より〕

戦後の新しいタイプの誕生

吉原工場を中心にして、戦前の型のダットサンを改造しながら生産している間に、本社では早くから新しいタイプの乗用車をつくり出そうという動きがあった。昭和23年頃までは個々に860ccエンジン、4段変速機などの企画が検討され、その試作にも着手された。昭和23年末から24年にかけて車両全体の計画にまとまって来て、Ⓓという略号が使用されるようになった。〔P38より〕

このダットサン112型セダンは昭和32年8月に毎日新聞社の毎日産業デザイン賞の対象となり、造形課長佐藤章蔵氏が工業デザイン部門の受賞者となった。「ダットサン112型セダンは国情の許す範囲内でデザインされた最も日本的な作品だ。特にデザインの一貫性の上から日本の貧乏を肯定してデザインされ、ムダのない健康的なデザインである」と述べられている。〔P53より〕

ダットサンセダン112型（1956年）

昭和30年代に入って、乗用車の110型とともに大きなモデルチェンジをして生産を開始した後の120型ダットサントラックは、従来の不具合箇所が大幅に改善されて評判のよい車となった。この時代は車体以外は、乗用車と共通の構造だったので、当分の間、乗用車と同一の改造がなされていった。〔P119より〕

ダットサントラック120型（1955年）

ダットサントラック220型（左）とダットサン210型セダン（ともに1957年）

米国への輸出は予想外に早く、実現しそうになってきた。こまかいきさつは知らないが、昭和33年1月のロスアンゼルス自動車ショーに出品することになり、L210乗用車とL220トラックが出品された。その際の批評および認証手続き等の情報が何回か日本に届けられ、また2月には立ち会った輸出部門の岩田公一氏が、帰国して詳しい情報を伝えた。（中略）この情報をもとにして真木伸君をヘッドにして設計部内に対米対策グループを編成し、各種対策品をつくるのと並行して高速テストを行った。〔P60-61より〕

1958年　ダットサン211型のタクシー

ダットサン1000が発表されてすぐに、タクシー業界では小型タクシーのエンジンの上限を1,000ccに改めたため、（中略）その時点で戦前のダットサンの部品は生産車の中から完全に姿を消した。ダットサン1000は高速安定性に幾分の疑問点があったが、非常に丈夫であり、当時の日本の道路事情によく適合していたので、大変評判が良く、特に営業車として需要が増加した。〔P60より〕

ダットサン1000で特筆すべきことは、豪州ラリーに参加したことである。（中略）当時世界最高最悪のラリーで、豪州一周16,000kmを19日間にわたって走り続けるもので、人の運転技術と体力および車の耐久強度と信頼性を競うものであった。（中略）2台のダットサンは富士号、桜号と命名され1000ccまでのＡクラスにエントリーし、8月20日からのラリーに出場した。（中略）富士号はＡクラス1位、全体で25位となり、桜号もＡクラス4位に入賞した。〔P71より〕

「ブルーバード」の誕生

ブルーバードの試作車は日夜性能試験と走行耐久試験に酷使された。当時まだ社内に耐久テストコースを持っていなかったので、吉原工場を基地として富士山麓を走り回った。帰るたびに実験室で点検して、逐次設計部に報告し、破損部分は直ちに修理して試験に走りでた。破損の報告の内容について私達は、それが市場でも起こる可能性のある弱点であるか、あるいはこのコースの極端な悪さによって起きたもので、市場では起きることはあるまいと思われるものかに分類して、設計上変更しなくてはならないものは、生産開始の間際まで変更を続けた。〔P84より〕

ダットサンブルーバード1200DX（1959年）

320型ダットサントラックは、昭和36年7月に発売された。223型発売の前年の昭和34年7月に、新乗用車ダットサンブルーバード310型が発表され非常に好評であったので、トラックもそのスタイルに近いものにしたいという要望で、310ルックの320型トラックがつくられた。形は似ていたが構造や寸法が異なっていたので、車体部品としてはあまり共通性はなかった。〔P125より〕

ダットサントラック320型（1961年）

ix

ダットサンブルーバードP410型1200SS (1964年)

410型は内容的には欠点の少ない車であったが、スタイルが欧州風であるのが国内で大衆の好みに合ったと言えず、予想したほどの売れ行きにならなかった。(中略) しかし、輸出市場は好評で、特にアメリカ向けではフェアレディ (240Zより前のオープンタイプのダットサンスポーツ) を含めてダットサン乗用車は昭和41年10月には、VWについで輸入車登録第2位を占めるに至った。〔P96より〕

ダットサンピックアップトラックU520型1300 (1965年)

520型ダットサントラックは昭和40年5月の発売である。なお、420型はゴロがよくないので欠番として320型に次いで520型がつくられた。
乗用車が410型として昭和38年9月にモデルチェンジしたのに呼応してダットサントラックも変更計画をした。410ルックで試作モデルをつくってみると、予想外にトラックにマッチするものになったので、車体計画はすぐに決定した。〔P126より〕

ブルーバード510型と、ローレルの登場

この車(510型)は機能優先の配置計画でスタートし、それに合うモデルをつくった車である。(中略)当時、スタイル優先の論調が多かった時代であるが、この機能優先で計画した車がスタイル面でもかなり好評であったことが、その一つの解答ではなかったかと思う。それでも機能グループがかたくなに自己の主張をしたわけではない。エンジンをどれくらい傾ければ機能とスタイルのバランスがとれるかなど、造形グループと緊密な共同作業を行ったものである。〔P104より〕

ブルーバード510型1600SSS (1967年)

510型ブルーバードは、発表以来予想以上に好評で、国内販売では月1万台ベースで、昭和39年に一度抜かれたコロナと抜きつ抜かれつの販売合戦を展開し、輸出も米国市場を中心に著しく伸長した。〔P105より〕

米国市場も好評なダットサン510型の「ライフ誌」広告 (1968年)

ローレルC30型1800デラックスB（1969年）

㊥はローレルと命名されて、昭和43年4月6日に発表発売された。計画時点では輸出にかなり重点をおいた車であったが、前年に発表されたブルーバード510型が輸出先で非常に好評であり、生産が間に合わない状況なので、この車は当分国内向けだけに生産された。〔P106より〕

ローレルC30型1800デラックスB（1969年）

後面上部にやや細い一文字のランプ群をおき、両わきの下に少し大型の丸い赤のレフレクターを配置した。ちょっとえくぼのような感じになるなとひとり悦に入った。〔P106より〕

ダットサンスポーツ、フェアレディ誕生へ

昭和27年1月に戦後はじめての国産スポーツカーとしてダットサンスポーツDC-3型が発表された。(中略)前の部分はむしろ戦前型の形を残したもので、クラシックなスポーツカーの雰囲気をもった車であった。〔P108より〕

昭和31年5月、強化プラスチック(FRP)の研究とその実用化の推進を図ってこられた東京大学の林毅教授から要請があり、FRPの実用化の一つとして自動車の車体をつくりたいとの申し入れがあった。先生との相談の結果、スポーツカーのボディを試作することで研究のお手伝いをすることにした。(中略)生産の決心のつかないまま、昭和33年のモーターショーに出品したところ存外好評だったので、S211型として少量生産にふみきった。〔P108-109より〕

モーターショーに出品されたFRP製ボディの試作車

SPL212型はE型1.2リッターエンジンを搭載したが、もっとも大きな変更はもちろんFRPをあきらめてスチールボディに改めることだった。このスタイルはFRPでつくりやすいように丸みの多い角のほとんど無い形であったので、スチールボディにするには逆に非常につくりにくい構造になり、設計でも生産でもかなり苦労した車体であった。〔P110より〕

ダットサンスポーツSPL型(1960年)

フェアレディは、その後昭和42年3月にSR311型を発売した。エンジンはU20型145ps/6,000rpm。このエンジンはH20型エンジンをOHCの5ベアリングに改造し、ソレックスキャブレター44PHHを2連装としたものである。〔P114より〕

ダットサンフェアレディ2000　SR311型(1967年)

快適性と安全性を高めたスポーツカーの開発

オープンカーのフェアレディではフレーム構造を頑丈にしても、なかなか車体の剛性が上がらない。その補強でシャシー重量は重くなる。また、衝突時の安全を高めるための工夫もなかなか難しい。それらを考えるとオープンカーよりもクローズドカーの方が有利であると判断して、将来のスポーツカーとしてはクローズドタイプを計画しておくほうがよいと考え、新しい車を企画した。
昭和41年からⓏという記号で設計試作に取り掛かった。〔P114より〕

フェアレディZ　S30型（1969年）

ダットサン240Z　HLS30型（1970年）

この車は昭和44年11月に発表された。開発中にはⓏの記号を使っていたこともあって、フェアレディZと名付けられたのであろう。国内用はL20型エンジンであったが、輸出にはL24型エンジンが使われたので、米国では240Zが公式名として採用された（米国内ではTwo-Forty-Zeeと発音されている）。
〔P117より〕

ダットサン車の開発史
日産自動車のエンジニアが語る 1939-1969

原 禎一

グランプリ出版

はじめに

　本書は終戦後の日産自動車の開発作業のうち、主として私が関係した部分をまとめたものです。私は昭和14年学卒として日産自動車(株)に入社し、シャシー設計部に籍をおきましたが、八か月後召集で軍務につき、昭和19年7月に召集解除で日産の吉原工場(現在の静岡県富士市)に復帰しました。実質的に車の設計に関係することになったのは、終戦後の昭和22年頃です。戦時中に生産中止になっていたダットサンを吉原工場で作ろうという計画が始まったときに、昔の設計部員で吉原にいたのは私一人だったことから設計図の整備、治工具と部品との関連や、プレス型のない車体部品をどう簡略に作るかなどの作業に手をつけたのが仕事の始めでした。少人数の技術員をあつめてもらい工場の技術課のなかにこの仕事をするグループをつくりました。これは後の設計部吉原分室です。

　本社の設計部で戦後かなり早くから計画されながら、資金その他いろいろの事情で生産準備に進んでいない新型のダットサンを期待しながら、設計部吉原分室の私たちは生産続行中の旧型ダットサンのマイナーチェンジや故障対策を一手に引き受けて、29年まで忙しい日を送りました。この時代に身につけた技術が後の設計企画に非常に役だったと思っています。その後私は本社に移り主に小型車ダットサンの計画推進を担当することになりました。私の手掛けた主な車はダットサン1000、初代ブルーバード310型から三代目の510型、初代ローレル、プレジデント、520型までのダットサントラック、ダットサンスポーツからフェアレディZなどであります。ただZについては発表の半年前に私は設計部門から離れたので最後まで見たわけではありません。

　幸いなことに設計の実務をしていた昭和23年から44年の頃までの会議や打ち合わせのメモとして使用していた小判のノートが手元に77冊そっくり残っていました。秘匿の数字や文字などで今では判読しにくいものもありましたが、日付がよくつけてあったので、ことの順序がはっきりして助かりました。これをよりどころにして主に開発関係のところをまとめました。自分のノートが基ですので、あとで本書を見ると、私が主体で仕事をしたような書き方になってしまいましたが、もちろん実務の主体は関係の大勢の人たちです。大変不遜な書き方でお詫び

しなくてはなりません。

　50年ほど前の幼稚な技術の時代の私の記録が、いまさら役に立つとは思いませんが、それでも急速に進歩して来た日本の自動車の歴史をかいま見ることのできるのも、あるいは興味があるかと思って書いた次第です。私が20数年にわたって気持ちよく設計の仕事をすることができたのは、偏に上司の方や周囲の皆様からいただいた懇切なご指導やご協力によるものと心から感謝致します。

サウジアラビアの
日産販売店にて

目 次

Ⅰ. 日産自動車への入社……………………………………5
Ⅱ. 吉原工場時代……………………………………………14
Ⅲ. 110型および120型の誕生……………………………38
Ⅳ. ダットサン1000（210型および220型）………………56
Ⅴ. 初代ブルーバード310型………………………………73
Ⅵ. ブルーバード410型開発の頃…………………………90
Ⅶ. ブルーバード510型とローレル………………………100
Ⅷ. ダットサンスポーツカーからフェアレディZへ………108
Ⅸ. ダットサントラック……………………………………119

エジプトにおけるダットサンL210型
（輸出仕様車：1958年）

Ⅰ. 日産自動車への入社

　昭和13年大学3年の秋、就職を選ぶ時期にきたころ、大阪にいる叔父から日産自動車には知人がいるので口を利いてもよいから、行ったらどうかという話をもちこまれた。私は以前から化学に興味を持っていたので、もしその方面によい就職口があればと考えていたので少しためらった。しかし、戦時色がだんだん強くなってきた時期であり、機械工学出身者はやはりこの方面に行くのが順当かなと考えて、日産に願書を出すことにした。
　そのときに同級生で日産を希望した人は4人いた。日産への入社試験には4人そろって大学の自動車部にあった古いナッシュに乗って横浜の新子安まででかけた。運転は最もベテランの中島桂太郎君が担当した。
　このときに当時のガソリンの価格を知る貴重な記憶がある。会社に行く途中日比谷を過ぎたころ、スタンドで5ガロン入れた。試験が終わって会社からその日の旅費として各人に80銭支給された。それがちょうど5ガロンのガソリン代3円20銭と一致していたので、まるで会社側で私たちの払ったガソリン代を知っているようだと、顔を見あわせて苦笑した。日本の計量法で1ガロンは3.785リットルであるので、本稿執筆時の日本(平成16年)の物価が当時のほぼ2,500倍と考えると、1ガロン64銭は1リットル423円に相当する。しかし実際には、戦前のガソリン代は現在の約4倍程度であったから、戦後石炭が石油に駆逐されたのはもっともだと感じられる。
　さて、入社試験では口頭試問で「マスプロダクションとはどういうこと

か」と聞かれてしどろもどろの返事をした記憶がある。首尾よく4人とも採用が決まったが、年末になって政府で大学および専門学校の技術系卒業生の採用割り当てをすることになり、日産には大卒7名専門学校卒3名の枠が設定された。東大からは2名だけの採用となり、運よく宮島尚君と私の入社が確定した。

　自動車に最も詳しかった中島君は日産自動車と同じく満州重工業コンツェルンの中の満州自動車(株)に行くことになり、その後陸軍の将校となって航空エンジンの研究にたずさわり、当時の技術雑誌で時々名前を見るようになった。終戦直前には日産の吉原工場で生産していた空冷発動機の、ボアアップによる出力増加の試作オーダーをよこしていた。戦後トヨタ自動車にはいり後にエンジン設計部長になった。日産にはいないような気質の技術者で、もし彼が日産に入社していたならば、イニシャティブを発揮して日産になにか違った気風が生まれていたかもしれない。

　昭和14年(1939年)に日産に入って2ヶ月間機械工場で現場実習ののち、大卒は7人とも第一設計部に配属された。この部はシャシー関係の設計担当で機関、伝導、車軸、および車架の四つの係があり、別室の第二設計部が車体設計を担当していた。機関係に4人、その他の係に1人ずつ配属され、私は伝導係にはいった。係長は後に設計担当の取締役になられた飯島博氏で、仕事の範囲は動力の伝達系すなわちクラッチ、変速機、プロペラシャフトおよび終減速装置であった。

　当時生産されていた自動車は、米国のグラハムページ社から引き継いだセミキャブオーバー型の2トントラック80型とダットサン乗用車およびダットサントラックであった。そのころオペルの乗用車を参考にしながら、新乗用車の試作設計を進めていたので、早速その変速機の設計を分担させられた。歯車を多く取り扱う仕事であり、また機械工場で指導を受けた歯車専門職の新庄謹一氏の影響もあって、歯車に非常に興味をもつようになり、一時は一生の仕事として歯車を考えてもよいと思うほど熱中した。新庄氏は後に歯型修正に関する論文で工学博士号を取得された。

昭和14年はだんだん戦時色が強くなって来たころであったが、まだかなり余暇を楽しむ余裕があり、設計部のグループで定時後、会社の運動場でサッカーを楽しむこともあった。給料も80円(現在価値で約20万円)もらったので生活も楽だった。

　一緒に入社した7人はすべて学生時代に徴兵検査を延期していたので、入社後各自の本籍地で徴兵検査を受けた。4人は甲種および第一乙種合格で12月、1月に入営する予定となり、私を含む3人は第二乙種合格で現役入隊の予定はなくなった。ところが思いもかけず11月下旬に、私に召集令状が来て、12月8日に山口の歩兵連隊に入隊することになった。ほかの2人もその後召集され結局7人とも兵役に服することになる。私の入隊日は日米開戦のちょうど2年前であった。

　召集兵は約2千人で1週間前に入隊したほぼ同数の現役兵とまったく一緒に訓練を受けた。召集兵は年齢も体格もバラバラであったが、世渡りに慣れた人も多く、どちらかと言えば要領よく訓練や仕事をやりくりしていたようだ。私たちの時代には中学校の教科のなかに教練(軍事訓練)があったので、中卒以上の現役兵は入隊後幹部候補生希望の調査があったが、私たちには一期の訓練のおわる昭和15年3月の初めに、召集兵でも希望調査をすると連絡があった。幹部候補生になると現役扱いになるので兵役期間が長

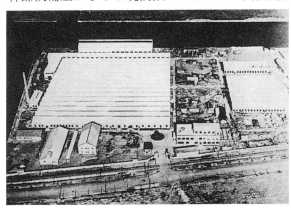

昭和10年頃の
横浜日産工場

くなるかもしれないが、召集兵でも早くは帰れそうにないので、幹部候補生を志願した。

　一期の訓練が終わって大部分の兵は外地に出征した。南支那の方らしいという噂だった。私を含めて5％くらいの人が残されたが、病弱の人が多かった。4月になって小人数だが召集兵の幹部候補生採用者の発表があり、この年から制度のできた技術幹部候補生には私とほか1名、経理2名、本科（歩兵）8名だった。

　5月になって、技術幹部候補生は東京滝野川の造兵廠の隣地に新設された訓練施設で集合教育を受けることになった。そこには宿泊と教育のできる兵舎が3棟あり、40人ずつの2グループに古参の下士官が2人ずつ指導と世話役としてつき、比較的紳士的な処遇を受けた。候補生隊の隊長としてやはり古参の大尉が常時付き添った（このあたりは記憶が少々あいまいで間違いがあるかもしれない）。

　ここではもちろんいじめなどはまったく経験しなかった。兵科の訓練は歩兵が基本だったので、歩兵出身の私には一期の訓練に比べて非常に楽であり、また室内での学科教育が多かったので、体力的に無理と思うことはほとんどなかった。

　そこで教わった学科のなかで興味をもったのは、砲兵大佐の教師の講義内容であった。召集で来られた非常に小柄な老大佐で、もし軍服でなかったならば、大学教授といってもおかしくない教えぶりで、微分方程式を自在に駆使しながら砲外弾道学や砲内力学の講義をされた。先生自身でも内容がかなり難しいと思われることがあるようで、講義の終わりに「原君わかった？」と聞かれることがあった。今でも回答できなかった期末試験の問題を覚えている。それは空中運動体の空気抵抗の項をいれたＸ軸、Ｚ軸の微分方程式2式を示して「この2式を使って砲弾の着地角が発射仰角より大きくなることを証明せよ」という問題だった。

　その頃の講義で興味をひいて記憶に残っているものを少しあげておく。①砲弾も銃弾も腔内の螺旋で右回転（後ろから見て時計回り）が与えられて

いるので銃砲弾は右にそれる。
②北半球では地球の自転の影響で弾丸は右にそれるので、その誤差は加算される。しかし南半球では両者の差となる。
③砲弾はなぜ先端から着地するか。砲弾内の炸薬は発射の際の衝撃くらいでは爆発しない非常に安定な火薬である。したがって着地の際に先端の信管によって起爆薬が作動しないと、爆発しないで不発弾になるので、先端から着地する必要がある。ロケット弾は後ろに羽根がついているので自動的に先端から着地するが、砲弾は空力抵抗の中心が重心より前にあるため、弾道が下向きに変化すると空気抵抗は弾頭を持ち上げるように働く。そこで右回転している砲弾はコマのみそすり運動のように、弾頭を軌道の右から下へ回す首振り運動をおこす。右に向いた弾頭がさらに軌道の右下に回りこもうとする速度が軌道の下向きの変化に合致していれば、頭がわずかに右に向いたまま頭を下げて行くことになる。これが①項(右にそれる)および③項(先端着地)の理由である。したがって砲弾の設計が良くないと尻から着地したり、空中で姿勢がめちゃめちゃになって不発弾になる。
④砲身の対内圧強度をあげるためには、予め内壁に圧縮応力を与えておくことが有効である。その方法として焼嵌め、ピアノ線による巻き締め、予め使用圧力以上に内圧をかける自緊法等がある。厚肉のパイプに内圧をかけると内側には外側より強い引っ張り応力がかかる。予め強い内圧をかけて内側だけ応力の弾性限界を越えてイイルドさせたのち圧力を下げれば、内壁に圧縮応力が残る性質を利用したのが自緊法である。
⑤砲腔内の圧力変化はピストン機関のように、インディケーターダイヤグラム(ピストンの行程－圧力線図)に描ける。砲腔の最高圧力は強度の面から限度があるので、弾丸にエネルギーを多く与えるには内燃機関のように始めに高いがそのあとで急速に圧力の下がる形より、蒸気機関のように行程の終わりまで圧力の高いほうが初速は大きい。そのためには、砲腔内で弾丸の速度増加に応じて発射薬のガスの発生速度が増加することが望ましい。ガスの発生速度はほぼ火薬の表面積に比例するので、燃焼にしたがっ

て表面積が増大する形状の火薬が望ましい。球状は燃焼で表面積が急減する。棒状、帯状は、それより少し性質がよい。孔あき練炭のような形のものは面積増大の性質が得られるので、このような形のものもつくられたらしい。ずっと後に日産自動車宇宙航空部門の幹部の人に聞いたところでは、人工衛星用ロケットの固体燃料推進薬は中空のところから燃焼を始めるようにしてあるとのことだった。

⑥発射薬のエネルギー効率から言えば、内燃機関型のインディケーターダイヤグラムのほうが良い。最後まで圧力が高いと発射薬のエネルギーを使い切っていない。また無効エネルギーが大きいと、有効エネルギーの総量の誤差が大きくなり、ひいては初速の誤差が大きくなる。初速が大きくて効率も良く初速の誤差も少なくするには長い砲身が必要になる。しかし、砲身が長くなると重量が増し機動力も悪くなる。目的に応じて⑤、⑥を考慮して各種の砲の形ができている。

⑦火薬は大別して起爆薬、爆薬、炸薬の3種がある。起爆薬は非常に不安定な化合物で、エネルギーは小さい。爆薬は非常に早い燃焼と考えられる。炸薬は強い衝撃波で爆発する。TNT(トリニトロトルエン)は強い炸薬であるが、非常に安定で銃弾があたっても爆発しない。日露戦争に使われたと言われる下瀬火薬はピクリン酸系で強力な炸薬であるが、化学的にやや不安定で使いにくい。肥料に使う硝安は潮解性があるが、強力な炸薬になりうる。ずっと後に南アの白金鉱山を見学した際に坑内で見た、掘削に使っていた火薬の袋に硝酸アンモニュームと印刷してあった。40年前に講義で聞いた硝安が実用化されているのだなと思った。帰国後百科事典で調べたところ、現在硝安はニトログリセリンに次いで二番目に多い火薬の主剤であることを知った。

⑧砲兵では目標に対する試射により、方向および距離の修正を行うとともに、弾着のばらつきにより前後および左右の半数必中界を求め、それと目標の大きさとから予想命中率を計算し、必要な発射弾数を決める。(弾着のばらつきのうち、中央から半数含まれる範囲の片側分寸法を半数必中界と

いう。半数必中界≒0.67σ、σは確率論での標準偏差。普通弾丸の縦方向半数必中界は横方向のそれより大きい。前後左右半数必中界に囲まれる矩形の範囲の命中率は1/4と略算する。）後方の高所などにいる観測兵の試射の弾着報告にもとずき、中隊長はすばやくこの確率計算をしなければならない。

ずっと後に私の感ずることは大学で習ったことはほとんど記憶に残っていないのに、2、3年後の幹部候補生隊での講義は非常によく頭のなかに残っているのは、軍の講師の教授方法が大学よりよかったのかなとも思う。

翌年（昭和16年）初めに幹部候補生の集合教育が終わって見習士官となり、相模造兵廠に配属になった。そこは戦車の生産工場が主体で、その他に薬莢の生産工場もあった。私はそこの研究所に勤務した。その年末少尉に任官した直後に太平洋戦争に突入した。造兵廠での仕事は性質上自動車とのつながりが強かったので、私は幸いにして軍務中も会社の仕事の延長上にあったことになる。

ここで興味をもったのはキャタピラーを含む走行装置と変速機などの動力伝達機構であった。操向装置としては左右おのおのに遊星歯車とクラッチおよびバンドブレーキをセットにした減速装置とブレーキ機構があり、左右にそれぞれ減速レバーとブレーキレバーがある。

たとえば、右にある減速レバーを引くと右のキャタピラーの駆動輪だけが減速して右に向きをかえ、もう一つのブレーキレバーを引くと右だけキャタピラーが停止して、そこを中心に左のキャタピラーで向きを変える。

当時生産されていた中型戦車はリヤエンジン・フロントドライブすなわちRFであった。旧式のものはRRだった。キャタピラーを回すドライブギヤが前にあるとキャタピラーの上側が引っ張り側になり、ドライブギヤの下の部分が緩み側になるので、ひどい不整地での踏破性がよくなり、また前記の操縦用の変速装置が前軸にあるので、運転手と駆動装置の配置が取りやすい利点もあると説明を受けた。戦車はその構造上ピッチングの復原力が自動車に比べて著しく小さく、トラックに長い電柱を載せたようにピッ

チングが非常にゆるやかで思ったよりは乗り心地がよかった。

　マレー半島で捕獲した米国のM－3戦車の分解調査は参考になることが多かった。たとえばキャタピラーの接手は、日本では高マンガン鋼でも摩耗に苦しんだが、M－3では接手のピンとキャタピラーの間には、ゴムブッシュが使用されていて、摩耗部分がなく、またキャタピラーの下面に大きなゴムブロックがはめ込まれていて、道路を高速で走ってもガチャ音はなかった。ピンのゴムブッシュはピン側だけが接着してありキャタピラー側は単なる圧着だった。ピンの接着面には真鍮メッキが施されていたので、同僚の化学屋にきいたところ、なぜか真鍮とゴムとは親和力が強いとの話だった。真鍮のような合金をメッキするのはどうすればよいのかは聞き忘れたままである。変速機などの、潤滑油中の鉄系の微粉を吸着しておくために油抜き栓は磁石にしてあった。この考えは、後に自動車に適用した時がある。

　造兵廠の研究所は本建築が始まったばかりで、差し当たりの仕事は内部の仕様や設備の計画などで、そこでのまとまった仕事はまだなかった。当時機械学会の論文に円盤ホブによるベベルギヤの工作理論が発表されていた。ここでもそれが役立つかどうか調べてくれという指示があったので、手をつけてみた。理論だけではカッターと歯車の動きの関係が理解できないので、模型的に動きを観察できる機械をつくってみようと思って手をつけてみたが、それだけでも非常に複雑な機構になり当分お手上げになり、そのうちにほかの仕事に追われるようになった。代用材料に関する仕事が緊急に飛び込むことが多かった。戦車関係の部品の標準規格制定の事務担当としては在勤中続いた仕事である。

　技術本部第四技術研究所（車両関係）が相模原に新建物を建設中で、一時造兵廠の研究所に同居していた時があり、そこに勅任技師（少将待遇）の上西甚蔵氏がいらした。よく食堂で同席させていただき、時には教えを乞うことがあった。記憶に残っていることもある。それは「ギヤボックスなどのカバーから油漏れしないようにするには、ボルトのピッチをどれくらいに

すればよろしいか」と言うものであった。そのときに即答されたのは「カバーの剛性にもよるがボルトの径の6ないし8倍のピッチが適当である」ということであった。実地の経験を積まれた方はさすがに明解な返事をされるものだと感心した。これはその後自動車のクレーム問題処理に際し、私としては大変参考になった。

　昭和19年7月に召集解除になって日産に帰った。ちょうど東条首相が辞任して政権が交代する直前だった。

Ⅱ. 吉原工場時代

　昭和19年7月に召集を解除されて会社に復職した。会社では当時練習機用の空冷4気筒倒立エンジンを静岡県の吉原工場（現在の富士市に所在）で生産を開始していた。私はそこの発動機設計課に配属されたが、まだ全設備と建屋が完成していなかったので、年内は横浜工場内の勤務であった。

　翌年2月に吉原工場に移った。生産している発動機は自前の設計ではなく、また自動車のエンジンとはまったく性格も違うものなので、まず実物と図面からものを理解することから始めねばならなかった。基本的な差異は軽荷重で使われることがないこと、姿勢が上下ひっくり返ることもあること、急激な温度、気圧の変化があることや、きつい重量節減のため強度の安全率が低く、また剛性もかなり犠牲になっていることなどが感じられた。

　私たちの最大の弱点は、その製品が実際に装着された状態も使用される現場もまったく見たこともないことで、それらの情報もほとんど私たちの耳に入ることはなかったため、自分たちで改良などを発議することなどはできなかった。私に命ぜられた一つの設計は、点火用の高圧磁石発電機のなかにある2枚あわせのぜんまいばねを、1枚でほぼ同じ仕様になるものの設計依頼だった。恐らく材料の入手難の対策だったのだろう。結構難しいと思ったが、採用される前に終戦になった。

　撃墜された米軍のB29のエンジンの一部を入手して調査したことがある。

Ⅱ. 吉原工場時代

学生時代に空冷のためのフィンの冷却効率と重量を考慮して、根元を厚く先を薄くする設計理論を教わり、日本ではそれにちかい形を工夫し採用していたが、B29ではかなりの部分に溝にアルミ板を埋め込んだところがあった。重量や性能に影響が少ないと判断されるところでは、工作の楽な形状を積極的に採用していると思われた。

7月になって一度だけ艦載機の空襲があり、私たちの事務棟にも機関砲弾が撃ちこまれて私も硝子の破片を頭からかぶった。工場への爆弾で萩原勝一検査部長（後に日産ディーゼル取締役）が重傷を負われた。

工場の被害の後始末のため生産がもたついているころ、終戦になった。日産自動車では再建のために9月30日でいったん全員が解雇になり、10月1日付で一部の者が再雇用された。私は引続いて働くことになったが、吉原工場は航空エンジンのみの生産であったため、かわりの仕事がなく、差し当たり何か手持ちの材料でできる民需の仕事はないかと探すとともに、横浜工場のトラック生産用の部品製造の一部を分担できないかと模索していた。当然のことながら発動機設計課はなくなり、大部分の設計課員は横浜へ復帰したが、私は横浜に家もないので吉原に居つくことになった。

私は新職場として吉原工場の工作部鋳造課に移った。それは私が学生時代に夏季休暇中の工場実習として、当時日本最大の捕鯨船図南丸を造ったことのある大阪鉄工所（後の日立造船）の鋳造工場で働いていた経験が頭の中に残っていたので希望したのである。

戦後すぐの頃の吉原工場

15

新職場では、ニッサン大型トラック用エンジンのアルミピストンの生産を細々開始していたが、そのうちキュポラが整備されて鋳鉄部品の生産も開始された。私は藤田宏課長(その後病気で早く亡くなられたが、大変立派な上司で学ぶべきことが多かった)から、シリンダーライナーの遠心鋳造を計画してみろといわれ、手を付けかけたが、そのうち吉原工場でダットサンの生産復活ができないかという話が持ち上がり、その準備のため工務部技術課に配属替えになった。

　私は自分の能力不足が大いに関係していると思うが、新しい命題をもらってそれを完成した経験がそれまで一度もない。今回も遠心鋳造の計画を途中で手放すことになった。大学を卒業後数年間、給料を無駄にもらっていた人間だったなと反省している。

　終戦後、連合軍は進駐すると同時に横浜の第2地区、第3地区の大部分、浜松町工場などを接収したため、そこにあった膨大な機械設備などを移転することになったが、横浜地区に場所が無いためダットサン関係の機械設備は主に吉原工場に移された。吉原ではこれを使用してダットサン生産の再開計画が具体化し、散在していた治工具、部品および図面をかきあつめて整備し、生産の準備に取り掛かった。

　当時、本社側から吉原関東軍などと言われ、吉原の連中が強引に動いたように言われたが、このような大きな計画が吉原だけでできるはずはないので、もちろん上層部の承認応援があったものと思われる。

戦前に作られた
ダットサン12型

設計の残党は吉原には私だけだったので、設計担当として技術課のなかで面倒をみることとなり、少数の人をあつめて仕事を開始した。そのうち手伝いの連中も多くなり、このグループは昭和24年6月に技術課より分離して吉原工場所属ではなくなり、本社の設計部吉原分室となった。私は昭和22年6月に吉原工場技術課長になっていたが、このときに本社の設計部吉原分室長となった。形式的には命令系統は本社の方に移ったが、仕事の実質はほとんど変化がないので、吉原工場内の人達とほとんど区別のない動きをしていた。

　これから先は、吉原工場技術課および設計部吉原分室を通してのダットサン車の変化の歴史を中心に述べて行くことにする。まず私の仕事として、部品と図面から全構造の勉強を始めたが、初めのうちはその内容を理解することに苦労した。

　ここで戦前のダットサン車の特異な装置について述べておく。

A. 初期のダットサンの特異な装置

　初代のダットサンの設計の手本がどこのものであったか私はよく知らない。英国ではオースチンセブンに似ていると言われるが、構造上どこが似ているか確かめてないので、私は自分の感じで普通の車と違っていると思われるところを取り上げてみる。

　全体として見ると、頑丈という言葉とはかけはなれた車であったが、非常にバランスよく弱い車であった。したがって、丁寧な使い方をすれば存外長持ちする車であった。

　私が昭和20年代の9年間、吉原工場で戦前型のダットサンのお守りをしていた時に、クレーム対策として個々に補強をしていくと、その部品は丈夫になっても他の関連部品が傷み、次第に強度的にアンバランスな車になり、「後藤敬義さんの設計された昔の車は、よくできていたなあ」と溜め息をつくような始末であった。極度に簡素化されていたが、それは技術がないためにそうなったのではなく、ここまでは我慢できるのではないかと考

えぬいた上での、簡素化であったように思う。そう言う点を考慮しながらダットサンの主として設計上の特異な点を上げて見たい。

1)エンジン関係

a. エンジンは水冷直列4気筒55φ×76mm、排気量722ccでサイドバルブ形式である。ややロングストローク気味なのは、英国の自動車の税制が排気量でなく、ピストンの断面積の総和に関係していた名残と思われる。

b. クランク軸のベアリングにはボールベアリングを使っていた。そのベアリングは前後から嵌め込む型式であって、中央には使用できないので2ベアリングであった。良い点はクランク軸とシリンダーブロックの芯出しの苦労が無いことで、不具合な点としてはクランク軸の剛性不足とベアリングの機械音により騒音が大きく、そのためにエンジンの音の大きさは出力よりは、もっぱら回転数に関係した。

　ボールベアリングのアウターレースとシリンダーブロックの孔との間はかなりきつい嵌合であったが、使用しているうちに緩んでアウターレースが回転するようになり、シリンダー側が摩耗して嵌合ががたになる現象が出た。締代を強くしても、この現象はなくならなかった。その後の観察の結果分かったことは、ベアリングのボールが断続的にアウターレースに圧力をかけ、それによりアウターレースは半径方向にわずかな圧縮変形をす

排気量722ccでサイドバルブ形式エンジン

ると同時に円周方向に伸びる。つまりアウターレースは部分的に円周方向に絶えず伸縮し、非常にのろい速度ではあるが歩むことになる。シリンダーの孔はベアリングからのハンマリングと、この歩みによって摩耗が起こるようで、これはついに解決できなかった問題であった。

c. コネクチングロッドはジュラルミンの鍛造品で、ベアリングメタルは使用されていなかった。つまりジュラルミン自体による潤滑メタルであった。コンロッド大端部の下部にメタルの面に通ずる孔のある突起があり、それがオイルパンの上に渡した樋の油をすくって、自身の潤滑とスプラッシュによる機関内部の各所の潤滑を行う役目をしていた。これで結構大きな不都合もなく作動した。

d. ピストンの外周はセンターレスグラインダーで仕上げられた。慣らし運転で、時々十数条の奇数の縦の強い条痕が出ることがあった。直径を測定しても正確に一定であるが、Vブロックにのせて回転させながらダイヤルゲイジでみれば一定値でなかった。これはセンターレスグラインダーにより、円でない定幅曲線（どの方向も直径は一定であるが円でない曲線）に仕上がっていたものである（昭和62年発行の機械工学便覧にはセンターレスグラインダーにこの注意書きがある）。

e. 重力式冷却水循環方式でウォーターポンプは使用されていなかった。そ

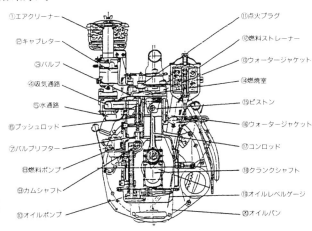

同エンジン断面図

①エアクリーナー ②キャブレター ③バルブ ④吸気通路 ⑤水通路 ⑥プッシュロッド ⑦バルブリフター ⑧燃料ポンプ ⑨カムシャフト ⑩オイルポンプ ⑪点火プラグ ⑫燃料ストレーナー ⑬ウォータージャケット ⑭燃焼室 ⑮ピストン ⑯ウォータージャケット ⑰コンロッド ⑱クランクシャフト ⑲オイルレベルゲージ ⑳オイルパン

のために、ラジエーターはエンジン本体よりやや高くしてあった。スターターモーターの信頼度が低かったのであろう、ジャッキのハンドルと共用のスターターのハンドルを車の前から差し込んで回せるようにしてあった。これはラジエーターの下を通すので、その後ウォーターポンプを採用してもラジエーターの位置は下げられなかった。

2)シャシー関係

a. 前車軸は特異な構造で、後端が球形になっていて、その少し前から二又のラジアスロッドが、前方左右に伸びて、長い鍛造品のフロントアクスルの両端より少し手前を貫通し、三角形のメンバーを構成する。フロントアクスルを突き抜けたラジアスロッドの先には横置の板ばねがシャックルを介して取付けられる。ばねは親ばねが下側にあり上側凸に湾曲していて、その中央でフレームのフロントクロスメンバーの下に取付けられる。ラジアスロッドの後端のボールはセカンドクロスメンバーの中央部で支えられる。ばね中央とクロスメンンバーとは2本のUボルトで結合されていたが、強固に剛体として支えられているとはいえず、極端な表現をすると、車体は4車輪で支持されているというよりも、このバネの中央と後ろの2車輪の3点の支持だという感じではなかろうか。戦前のダットサンがよく転覆すると言われていたのは、一つはこれに原因があったのではなかろうか。また、バネの取付け部のクロスメンバー側の強度の問題も深刻で、その後も

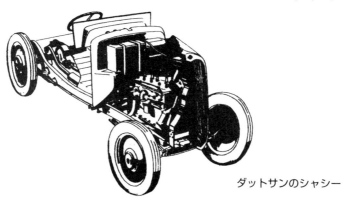

ダットサンのシャシー

長く尾を引いた命題だった。
b．ブレーキ系統は機械式で、ブレーキドラムの中では、二つのブレーキシューの一端の間に挟まれたカムを回転させてシューを開く。各々のシューの他端は偏心のピンで支持され、そのピンの回転でギャップの調整をする。左右輪のあいだに左右に同じ力が分配されるイコーライザーは使用されていなかった。
c．ペダルの配置が特異で、右にブレーキペダル、中央にアクセル、左にクラッチの配列であった。これは大変困った問題でダットサンに慣れた人が他車に乗る場合、またはその逆の場合に、アクセルとブレーキを必ず踏み間違えることになった。昭和30年の110型でやっと通常配置になった。
d．終減速装置にはウォームとウォームホィールが使用された。これによりプロペラーシャフトが低くとれる利点があったが、ウォーム軸のオイルシール部が油面よりかなり低いことと、ウォームのためにやや発熱が大きくてオイルシールの耐熱温度を越すことがあり、それによる油漏れを防止するのに苦労した。ウォームホィール側からウォームを回転する逆の場合の効率の差は存外小さく、車側からエンジンを回すのに何らの障害もなかった。

3）車体関係

　戦前の車体は木骨鉄板張りで外板はかなりきれいなプレス部品であった。木骨は機械屋には見慣れない図面で、接合部には複雑な切り欠きが多く、しかも外面は曲面で、結構複雑なものであった。もちろん結合部には補助に鉄板のブレースが多用されたが、これが組み立てられてどれくらいの強さになるかまったく見当がつかなかった。また、材質欄には木の名前が指定されていて、現状で入手できる材料を判断するのも骨の折れる仕事で、担当の山岸光威君は木工仕事の権威になった。

　ドアは後ヒンジ前開きであった。乗りやすかったが、ちょっと危険感もあった。その他、車体関連の装置には常識からかけはなれたものはなかったように思う。初期のものには電気式ホーンと併用でゴム袋のついたラッ

パが使用された。方向指示器は腕木式で昭和20年代一杯使用された。

　一般図面の寸法単位はmmであったが、ねじは点火栓を除いてインチねじであった。吉原工場では工具がすべてmmサイズのものであったので、吉原で生産するためにすべてのねじをmmサイズの細目ねじに変更することになった。そのために設計変更した部品には部品番号の頭にMの符号をつけた。5/16インチのねじを8mmにするのはあまり問題はないが、1/4インチを6mmにするとかなり細くなって強度上問題があり、また3/8インチを10mmにすると少し大きくなって邪魔になる場合があったり、特に内外にねじを切ってある部品の変更に苦労した（後に会社の規格としてSAEのインチねじを採用することになり、またそのあとでJISのmmに変わったので、ダットサンにはかなり後まで混乱の後遺症が残った。大型トラックおよびバスのニッサン車はインチねじからJISに一度変更されただけである）。

　工場ではまずダットサントラックの生産から始めたが、当初は半製品の貯蔵品をかき集めて、数台のサンプル車を組み立てた。そして在庫の少ないものから、部品生産にとりかかった。そのなかで特に問題になったのはフロントグリルであった。これは良いデザインだが、かなりの深絞りで、当時入手できる鋼板では亀裂が生じて合格品が出せなかった。そのために鉄仮面のようなデザインで、見栄えは良くないがなんとかプレスできる形状のものを設計し、生産に移した時期もある。車体の外板はプレスの型が揃っていないため、見栄えのよいオリジナルのデザインでは造れず、こまごまと設計変更した。

　小型車の寸法の規格は戦前は長さ3.8m、幅1.2mだったが、戦後少し拡げられたので、荷台の寸法を広げ、その際3尺×6尺の鉄板から歩留まりよく取れる寸法に変更した。このような相次ぐ変更に応じて、車両型式をどう取るかが問題になった。

B．昭和20年代のダットサントラックの車両型式番号とその内容

　昭和20年代は生産の都合およびクレーム対策のために各所の変更が相次

ぎ、そのつど型式番号を変更するのが煩わしいのと、どの部位の変更があったか関連づけが困難であったので、トラックについては便宜上車両を4部分に区分して、次のような型式番号をとることにした。
・エンジンを含むシャシー部分：戦前型のオリジナルのものをCS－1として大きい変更があるとCS－2、CS－3とする（シャシーの意）。
・ボンネット部分：オリジナル型式をEC－1とし、前述したラジエーターグリルの簡素型を採用したものをEC－2とする（エンジンコンパートメントの意）。
・運転室部分：オリジナル型をCB－1とし変更によりCB－2、CB－3とする（キャブの意）。CB－1はプレス型がなかったので生産せず。
・荷台部分：OB－1、OB－2とする（オープンリヤボディの意）。OB－2、OB－3は生産せず。
・車両型式：トラックの車両型式は以上4部分の数字を4字並べたものとする。たとえば4146型といえばCS－4、EC－1、CB－4、OB－6の組み合わせの車両である。実際に生産されたものは次の9車種である。
・1121型：昭和21.11.2発売。シャシーはほとんど戦前仕様、ボンネット部分は戦前生産のストック部品を活用、キャブはプレス型がなくなっていたので、木骨木板張りでドアガラスは最も簡単な横スライド式とした。全長3,023mm×幅1,250mm×高さ1,555mm、ホイールベース2,005mm、トレッド前1,038mm・後1,049mm、車両重量620kg、乗員2名、積載量500kg、エンジン7型水冷直列4気筒、55φ×76mm、722cc、15馬力。
・2124型：昭和22.7.14発売。後車軸を130mm延長して、後トレッド1,180mmに拡げ、荷台を大きくして600kg積みとする。寸法3,114×1,458×1,550mm。
・2225型：昭和22.11.31発売。オリジナルのラジエーターグリルの生産が困難なため簡素型に変更。前の型で広げた荷台は広すぎてキャブより出っ張り、また板厚が薄くて変形するので板厚を厚くするとともに、荷台の長さ幅とも縮小して補強。仕様変更：全長3,145mm、幅1,458mm、後トレッド

1,180mm。

・2125型：昭和23.7.31発売。元の形のラジエーターグリルを採用、その際プレスを容易にするためグリルの上部およびフロントフェンダーの後部を小変更。エンジンの気化器にMC装置(ミックスチャーコントロール・後述)を採用して燃料消費の改善を図った。また期の途中でユニバーサルジョイントを少し大型にして補強(変更時期不分明)。

・3135型：昭和24.1.1発売。エンジンのMC装置を手動より自動式のAMCに変更、タイヤを500-16-4pに大きくした。キャブは鉄板張りに改造、ドアガラスはドアレギュレーター付きとし、座席にコイルスプリング採用。積載量は500kgに下げてタイヤの規格に合わせた。車両寸法3,117×1,398×1,580mm、車両重量655kg。期中に故障対策として変速機をやや大型に設計変更した。前進3段選択摺動歯車方式には変更なし(内容は後述)。

・3145型：昭和25.1.1発売。フロントガラスを上ヒンジで前開きにした。ハ

3135型トラック

4146型トラック

6147型トラック

ンドルを回して少し開ければ足元まで涼しく好評。

・4146型：昭和25.8.25発売。エンジン7型722ccからD10型60φ×76mm、860ccに変更、15馬力→20馬力、水ポンプ採用、終減速装置の差動装置のベベルギヤは歯数および歯型の変更で補強、荷台の長さを175mm延長した。性能としては最高速67→70km/h、車両寸法3,295×1,398×1,580mm、車両重量690kg。

・5147型：昭和26.8.1発売。オイルブレーキ採用、ブレーキドラム200φ→250φ、ステアリングギヤをウォーム・ヘリカルギヤよりヒンドレイ・ウォーム形式に変更、荷台長さを100mm延長、タイヤ550-15-4pとして600kg積載に変更。ホイールベース2,150mmに延長。車両寸法3,295×1,398×1,580mm。

・6147型：昭和28.1.1発売。B型860cc25馬力エンジン搭載（ダウンドラフト型気化器採用、オイルフィルター採用）。車両寸法3,406×1,398×1,580mm。

C．ダットサン乗用車の車両型式

乗用車の生産はオリジナル設計のものはできないので、シャシーを吉原工場で生産し、車体およびその架装は外部に委託した。主としてスリフト型は住江製作所に、デラックス型は中日本重工菱和製作所（後の三菱重工業）で生産された。それらの型式番号としては、スタンダード型、スリフト型、コンバー型はDSに数字を、デラックス型にはDBに数字を付けて、DS－2型、DB－4型などとした。最初のモデルには数字が付かない。

DA型ダットサンセダン

・DA型：昭和22.11.27発売のスタンダードセダン。戦後初めて生産された乗用車で、シャシーはCS－2型(トラックの型式2124型の一番先頭の数字2がCS－2をあらわす)、つまり後ろのトレッドを大きくしたもの。車体は京浜地区の犬塚製作所、京浜木材工業、住江製作所、倉田自動車工業、竹内自動車工業で製作された。どこが主であったか不分明。4人乗り、2ドア前開き、車両寸法3,160×1,330×1,570mm、ホイールベース2,005mm、トレッド前1,038mm・後1,180mm、エンジン7型722cc15馬力。

・DB型：昭和23.3.3発売のデラックスセダン。CS－2ベースで新設計、車両寸法3,500×1,340×1,570mm、4人乗り2ドア後開き。始めは殿内製作所で製作された。そののち吉原工場生産のシャシーを名古屋に送り、中日本重工業菱和製作所(後の三菱重工業)で生産され、昭和24.1.1より発売された。そのときの寸法は3,515×1,420×1,560mm。

・DS－2型：昭和25.9.1発売のスリフトセダン。CS－4ベース、住江製作所製、2ドア後開き。エンジンはD10型860cc20馬力、寸法3,500×1,400×

スリフトセダンDS－2型

デラックスセダンDB－2型

スリフトセダンDS－4型

1,550mm、自重770kg。

・DB－2型：昭和25.9.1発売のデラックスセダン。CS－4ベース、2ドア後開き、4人乗り。寸法3,515×1,420×1,560mm、自重800kg。

・DS－4型：昭和26.8.1発売のスリフトセダン。CS－4ベース、4人乗り、4ドア(前ドア前開き、後ドア後開き)。ホイールベース延長2,150mmに、タイヤ550-15-4pに変更、寸法3,750×1,458×1,535mm。昭和27年2月製造中止、昭和27年9月より新日国工業大久保工場で生産再開、昭和26年9月より2ドアスリフトセダン再発売、新日国製。

・DB－4型：昭和26.8.1発売のデラックスセダン。4人乗り、4ドア(前後とも後ろ開き)。寸法3,665×1,480×1,550mm。

・DS－5：昭和28.2.1発売のスリフトセダン。CS－6ベース、B型エンジン860cc25馬力、寸法3,815×1,458×1,545mm、昭和29年6月廃止。

・DB－5：昭和28.2.1発売のデラックスセダン。寸法3,805×1,480×1,560mm、車体構造を大変更して補強(後述)。

スリフトセダンDS－5型

デラックスセダンDB－5型

コンバーセダンDS－6型

・DS－6：昭和29.7.1発売の新型コンバーセダン(コンビニエントカーの意)。4人乗り、4ドア、寸法3,825×1,462×1,518mm。

D．その他の車種

・DW：昭和25年1月発売。デラックスセダンを基本とするワゴン型でワゴネットといわれた。生産はごく少量だった。
・DV：昭和25年1月発売。3100型(3145型トラックのキャブおよび荷台のないもの)をベースにつくられたバンで、定員4人、300kg積み。
・DW－2：昭和25年8月発売。DB－2デラックスセダンベースのワゴネット。
・DM－2：この時期につくられた医療車。
・DW－4、DV－4：昭和26年7月発売。デラックスセダンDB－4風のワゴンとバン、バンは500kg積み。

DW－4型ワゴン

ダットサンスポーツ
DC－3型

・DU－4：昭和26年12月発売。5100型をベースとする4人乗りピックアップ乗貨兼用車。
・DC－3：昭和27年7月発売。ダットサンスポーツ(CS－5ベース)4人乗り、D10型860ccエンジン20馬力、寸法 3,510×1,360×1,450mm。

なお、昭和30年に新発売された改良型ダットサンからは別系統の車型番号がとられるようになった。

E. 改良と失敗の歴史

　本社の設計部では昭和21年頃から、戦前型のダットサンでは性能的にも大きさでも市場に適合しえないと判断して、次期型の設計に取り掛かっていた。昭和24年には基本的な仕様が決められて、設計と試作が進められていたようである。しかし、自動車の市場規模と設備資金の見通しがつかないためであろう、生産準備の指令はなされないままに年月が過ぎていった。その間、生産を続けていた旧型ダットサンは市場に対応するための改良とクレーム対策に追われていた。主要なユニットについては、次期ダットサンとの関連もあって、本社の設計部が担当したが、その関連変更やクレーム対策などは吉原工場技術課およびその後の設計部吉原分室でこなした。そのころの仕事のあらましを述べておく。

1）生産再開期

　最初に戦前のストック部品をかき集めてなんとか車に仕立てようとしたが、キャブボディーについては部品もプレスの型もそろわず、やむをえず天井だけ鉄板で、あとは木骨木板の車体をつくった。ドアガラスは横にスライドするものでなんとか雨をしのぐ程度のものであった。これが1121型である。キャブだけは少し大きくしたので、昔の小型車の規格より少し大きい。生産再開直後に小型自動車の寸法規格が大幅に変更されることになり、さっそく後車軸を130mm延長し荷台の寸法も変更をした。

　この2124型の1号車が組み立てられた翌日の日曜日に、三吉組立課長が私の寮に飛んで来て、ブレーキロッドが邪魔で組み立てられないという。こ

れはトレッドをひろげて、機械式のブレーキのロッドをフレームの外側を通し、フロントフェンダーの後ろのすその孔を貫通するようにした設計だったが、生産のときにはフェンダーはあとで取付けるので、作業ができないという初歩的な設計ミスだった。

　この荷台変更の際、全鋼製にして丈夫で軽量にするつもりであった。サイドパネルは3×6尺の板から2枚とれる寸法とした。ずっと後まで荷台の内のり寸法での高さが440mmであったのはそのためである。しかし、この時の荷台OB－4型は横幅が大きすぎてキャブより出っ張り、フレームからのオーバーハングも大きくて、強度不足であった。また、軽量をと考え過ぎて、鉄板の厚さを薄くしたので、床面や前後のパネルは痩せた人の胸のように、あばら骨の部分を残してへこんでしまい悪評だった。それで急いで寸法をつめるとともに板厚を増した。これがOB－5型の荷台である。

　フロントグリルは戦前のものはなかなかよい設計であったし、プレス型もあったが、そのころの鋼板ではプレスすると、上部の深絞りの部分で亀裂が生じ製品にならなかったので、見栄えは鉄仮面のようでよくなかったが、なんとか生産できる形のものを設計して、EC－2型とした。これは約8ヶ月生産されたが、評判も良くないので旧型のグリルの上部を浅くするよう設計変更し、EC－1型に戻した。その際フェンダーの後部もプレスしやすいように切り詰めた。

　昭和22年に少量ではあるが、GHQより小型乗用車の生産を許可された。乗用車は長い間生産されていなかったため、図面も型もそろわず、戦前のなつかしいダットサン乗用車の生産は望めないので、吉原工場よりキャブフロントつきのシャシーを出荷し、京浜地区の外注工場で、ほとんど図面なしで少量の生産が開始された。これはDA型スタンダードセダンとして、昭和22年11月から発売された。

　これもあまり見栄えのよいものではなかったので、新設計された車体の乗用車DB型デラックスセダンを並行してつくり、昭和23年3月に発売した。このDB型は当時米国で生産されていた小型乗用車クロスレーに似てい

た。名前ほどデラックスな車ではなく、シャシーはスプリングやフレームなど一部の変更はあったが、ほとんどトラックと共通のものであったので、車体重量をうまく支持できず、かなり故障も多かった。しかし、このモデルは何回か改良を継続しながら、昭和29年末まで約7年間、ダットサン乗用車の主流としてその命脈を保ってきた貴重な車である。

2）改造と苦闘の時期

　昭和23年頃になると次第に生産も軌道にのるにしたがい、使用者からの要望も多く寄せられ、車の各箇所の改良も計画され生産に移されるようになった。しかし前に述べたように、個々の部品の改良は、必ずしも車全体の改良につながらず、また私達の技術的な未熟さもあって、変更のたびにクレーム問題の種をつくることにもなった。これらの処理とユーザー、特にタクシー業者との応対のあいだに、自動車のほとんど全部分について、具備しなくてはならない基本的な条件と、構造物の強度についてのカンを、朧げながら感じとって来たように思う。以下部所別に主な改造点を述べておこう。

a．エンジン：生産の当初から鋳造の際にできるボアの鬆（す）に悩んだ。いっそのことドライライナーを入れたらどうかとの話もあったが、工数も多くかかるので鬆の出たものだけ4気筒ともライナーを入れた。その摩耗性能は悪くはなかったが、ユーザーからは初めから修理エンジンを出すとは何ごとかと文句をくったので、すぐに取りやめた。

　ガソリン節約のために昭和23年7月にミックスチャーコントロール装置すなわちMC装置を採用した。これは気化器のフロートチャンバーを外気に開放せず、吸気負圧と外気圧の中間の適当な圧力に、手動でコントロールすることにより、主として低負荷の時にガソリンの量を絞るものである。昭和24年1月に手動からオートマチックMCすなわちAMCとなった。これは28年初頭ダウンドラフト型気化器が採用されるまで使用された。

　小型自動車のエンジン規格は、上限を750ccから1500ccに変更されたので、かねてから新型ダットサンⒹ用に計画されていた数種のエンジンのう

ち、最も具体化しやすい企画である722ccのエンジンをベースにしたD10型860ccのエンジンを造ることになった。Ⓓ全体としては早急には準備できないので、エンジンだけ先行して実施することになったのである。

　このエンジンは設備の変更を最小限にとどめるため、ボアのみ55φから60φに広げたものであるが、関連する変更はかなり広範囲であった。ウォーターポンプおよびサーモスタットを採用して、自然循環式の冷却方式に訣別し、クランクシャフト、コンロッド等も補強した。心配したのはシリンダー壁が連続して、左右の水の連絡が断たれるので、冷却が不均等になり、ボアに異常な変形をおこしはしないかということだったが、案外大きな支障はなかった。ずっと後になって気筒の間に水孔をあける加工が追加された。

　860ccエンジンの生産移行間近になってから、予想外のトラブルが発生した。従来のスターターモーターでは回転力不足で始動が困難になったので、急遽その対策として、ニッサン車の大型スターターモーターを、軸方向に縮めて、ピニオン部分のみ従来型の慣性飛び込み式に改造して使用することになった。ところが、このピニオンがフライホイール外周のリングギヤに飛び込まないという、困った問題をおこした。回転力は大きくなったが、モーターのアーマチュアーの慣性モーメントが大きくてスイッチをいれたときの回転の加速度が小さく、ピニオンがモーター軸と一緒に回ってしまうためである。ピニオンと軸との間はスクリュウになっていて、ピニオンが軸の回転に取り残されることにより、フライホイールの位置まで飛び出す機構になっているのである。

　さしあたりの対策として戻しスプリングを弱くし、ピニオンにウェイトをつけて急場をしのいだが、このスターターは後々までもトラブルが多かった。ピニオンがシャフトの先端に移動してフライホイールをまわすときに、大きい力がかかるためにシャフト曲がりが多かったのである。昭和27年2月に軸の先端を支持する軸受け付きのヘッドカバーをつけることによってやっと解決を見た。このエンジンは20馬力としてCS－4型シャシーに

搭載され、乗用車はDS−2、DB−2型となった。

　その後昭和28年1月に気化器をダウンドラフト型に変更してB型エンジン25馬力とし、同時に外付けのオイルフィルターを採用した（CS−6）。さらに昭和29年後期型としてホワイトメタル鋳込のスチール製コンロッドが採用された。オイルフィルターはクレーム対策として採用されたものであるが、当初は上蓋のパッキンの切れによる油漏れと、パイピングの共振による破損で、かえってクレームが増加するなどのトラブルがあったが、すぐに解決した。

b.　動力伝達系：変速機の歯車には当時YZNMという低ニッケル・クローム・モリブデン高炭素鋼材を使用していたが、衝撃値が低くよく歯が折れた。さしあたりの対策としてカウンターギヤの第1速とバックギヤ、およびバックアイドルギヤの歯数をそれぞれ1枚減らして、その分だけ＋転位して補強した。仕様書で変速比が少し変わったのはそのためである。

　しかしこれだけでは強度不足であったのと、近い将来新しいエンジンが採用される可能性が高いので、一まわり大きい変速機を計画した。ちょうどそのころ、吉原の設計は本社設計の指示と承認の下で行うように取り決められたので共同作業になった。形式は従来どおりの3段変速、摺動嚙合方式とし、歯車の材質は、元専務取締役で金属材料の権威である網谷博士の意見により、クローム鋼CR40のサイアナイド硬化を採用することになった。

　網谷博士の指導を受けたことは、その後のトラブル解決などに大層役立った。材料が堅くて加工困難なときには、博士自らCの上限値0.45％を絶対に越さないよう製鋼会社に折衝された。

　変速機の設計を始めてすぐに困ったことはメインシャフト、カウンターギヤおよびバックアイドルの3軸を支持するボールベアリングの外径が大きくて互いに干渉し、ギヤボックスの後壁にうまくおさまらないことであった。そこで、工夫したのはカウンターギヤを中空として、別の浸炭硬化したシャフトを通して固定軸とし、ニードルベアリングでカウンターギヤを支える構造にすることである。ニードルの面圧は大丈夫と思ったが、高速

回転でニードルがどうなるかはまったく未知のことであった。どこかで読んだ記憶があるが、ニードルは高速回転では転がるばかりでなく滑り軸受の現象も伴っていると書いてあった記憶があった。それで高速回転に使った例はあるのだなと考えて、やってみることにし、実験の結果で判断することにした。ニードルの潤滑は歯底に孔をあけておけば、歯の噛み合いの圧力か逆に遠心力かで潤滑油は出入りするであろうと考えた。私の古いノートに孔のあけかたを検討中というメモがあるので、ちょっと不具合があったらしいが、大きいクレームになった記憶はない。バックアイドルギヤは使用が短時間であり、またあまり高速でないので、ニードルでなくブッシュにしたと思う。

　この変速機は昭和24年の前半の時期に生産に移行した。昭和25年8月の860ccエンジン採用のときにも、この変速機は何の問題も起こすことなく、昭和30年の110型、120型の新ダットサンで任務が終わるまで、無事に使用され続けたことは印象深い。

　プロペラーシャフトのユニバーサルジョイントには、当初は浸炭鋼のブッシュが使用されていたと記憶するが、CS－2型で少し大型に改めたものの、やはりガチャ音の発生を止めることができず、CS－6型の途中（たぶん昭和28年）でニードルベアリング入りに改められた。

　終減速装置には、昭和29年末までウォームとウォームホィールが使われた。ウォームホィールにはアルミ青銅が使用されていたが、摩耗性能向上のため試みに燐青銅を使用してみたが、切削性が悪いのに摩耗性能も改善されないので引きつづきアルミ青銅を使用した。その間、歯当たりと摩耗性能改善のために、ウォームホィールにシェービング加工を採用しクラウニングも実施し、歯幅の増大も行った。デフギヤ（後車軸差動傘歯車）補強のためにCS－4型のときに歯数と歯型を変更した。

c．ブレーキ：CS－4までは機械式のブレーキで二つのシューの間のカムをレバーで廻すことにより、シューを開いてブレーキ力をださせる方式で、頻繁に四輪のシューのギャップの調整をして、片利きを防止する必要が

あった。昭和26年のCS-5のときにオイルブレーキを採用した。

　このときに生産ラインが一ヶ月止まる大問題をおこした。オイルブレーキであるので片利きは起こりにくいはずなのに、生産車のブレーキテストをすると強く片利きが生ずるのである。矢鍋部長(吉原工場工務部)の指摘によるとすべて左利きである。関係者が集まっていろいろテストするうちに、ブレーキの利きの違いではなくて、ブレーキ時に前車輪が左に向きを変えることが分かった。

　その原因を解析するとつぎの通りである。ブレーキのときのタイヤの摩擦力によりフロントアクスルが前に傾き、その上方に位置するナックルアームの先端はステアリングロッドで引き戻されるように作用し、ハンドルを左に切った場合と同じ現象を生ずることになる。ステアリングロッドはアクスルの上下運動に対して影響のない位置に設定してあるために、その位置を変更することは困難である。よく観察するとフロントアクスルは、それを貫通している二又のラジアスロッドとの嵌合が堅固でなく、ラジアスロッドは嵌合部で摩擦力不足で回転し、I断面のラジアスロッドが内側に捩れ、そのために前車軸は前に傾きやすいことが分かった。試みにフロントアクスルとラジアスロッドを溶接すれば、この現象ははるかに小さくなるが、分解できなくなるのでこの方法を採用するわけにはいかなかった。結局嵌合部をテーパーにして空回りを防ぎ、ブレーキ力を少し弱め、ステアリングロッドの作用点を少し変更し、またI断面のラジアスロッドに鉄板を溶接して捩り剛性を高めるなどの対策をして、やっと車をオフラインすることができた。

　では、何故元の機械式ブレーキのときは問題がなかったのであろうか。確かめた結論ではないが、その場合でも同じ現象はあったはずである。しかし、イコーライザーのない機械式ブレーキの場合には、必ず左右のブレーキの各々のギャップ調整をしなければならなかった。その際、ブレーキ時に真っすぐ止まるように調整していたのであろう。つまり、ブレーキ力を左右均等に調整していたのではなく、おそらく結果的には右の方が強

く利くように調整されていたのであろう。CS－6(昭和28年1月)ではラジアスロッドのI断面を円断面に変更して捩り剛性を上げ、前車軸との嵌合部を再変更して滑りを無くして、やっとブレーキ力を予定の値まで高めた。このときのブレーキ形式は前後ともリーディング・トレーリング方式であった。

d．ステアリング機構：初期のステアリングギヤはウォームとヘリカルギヤの一部であるセクターを使用した形式のもので、理論的にはその当たりはポイントコンタクトであった。それをCS－5のときにヒンドレーウォーム形式に改めた。これでラインコンタクトになって、摩耗には良くなったが、ハンドルの軽さや感覚にはまだ問題は残された。

e．フレーム、車体その他：昭和26年頃から生産量は月400台ないし500台となり、乗用車の大部分はタクシーに使用されるようになり、それに伴って多くのクレームが持ち込まれるようになった。サービス部との連絡会や、東京のタクシー屋さんの集まりである「ダットサン研究会」との連絡会では、いつも吊し上げのように食いつかれた。

　市場のクレームの対応では後手後手になるので、吉原では大々的な耐久試験を富士山麓で実施した。その結果出て来た多くの損傷部の対策として、フレーム部分の補強は吉原で、またデラックス型車体の対策は新三菱重工に、スリフト型は住江にそれぞれ依頼した。両社からは車体損傷の主原因はフレームにあると文句がついたが、試験結果の損傷した車体を渡して、そちらにも良くないところがあるからよろしくと善処をお願いした。

　フレームの対策の一つは横向きのフロントスプリングの中央部を取付けるフロントクロスメンバーの破損対策であった。他の主なものは車体の重量を支えるのに適当なところまで、フレームを延長して、車体側の支持部の構造を楽にすることであった。

　三菱では当面の対策とは別に、昭和28年2月に画期的な構造変更をしたDB－5型を生産した。この車体の両サイドパネルは前後向きの上部のルーフレールと下部のシル、それを結ぶ上下向きのフロントピラー、センター

ピラーおよびリヤクォーターに相当する部分を先ず平面状の日の字形に鉄板を溶接し、それをプレスにかけ鉄板を側面の形状に成型し、さらに前後のドア部分を打ち抜いて、幅広の鉄板を入手できない時代に車体の全側面部を一つのプレス部品としてつくりあげたもので、車体組立て時の溶接のない側板であった。外観的にはあまり変化がなかったので、人目には付かなかったが、設計技術的にもプレス技術的にも大変高度なものであったと思う。フレームの延長および補強対策と相俟って、それ以後デラックス型乗用車の車体のクレームは激減した。

スリフト型セダンは昭和26年8月にDS－4型を、昭和28年2月にDS－5型を出したが、評判があまり良くなくて、そのモデルチェンジとして新型乗用車が計画された。この車は昭和29年6月にDS－6型コンバーセダンとして新発売された。しかしこの車はそれ自体の設計が合理的でなく、重量が重かった上、ほとんど試験期間もなく生産されたため、多くの不具合点をもっていた。最も具合の悪かったのは、後部の車体のマウント部で強度不足のうえ集中荷重を受け、短期間のうちに多くの破損クレームが発生した。また、ドアヒンジに使用した新機構のボールジョイントも、鋳造品の材質不良のため多くの破損品を出し、対策を施す時間的余裕も得られない間に敗退する運命となった。「Convenient Car」からとった名前Convarも、名前ほどの役目を果たさなかったのは残念である。また富士山麓の試験結果を生かせなかったことを遺憾に思う。

私は、昭和29年2月に飯島博氏が設計部長に就任されたときに車体設計課長となって横浜に転任して、これらの不具合対策にも手を尽くしたが、次の新ダットサン110型までの6ヶ月の間に、生産を安定化させるまでに至らず、販売店および販売部門の方々の努力にもかかわらず、500台を売り切ることは大変困難であった。

Ⅲ. 110型および120型の誕生

　吉原工場を中心にして、戦前の型のダットサンを改造しながら生産している間に、本社では早くから新しいタイプの乗用車をつくり出そうという動きがあった。昭和23年頃までは個々に860ccエンジン、4段変速機などの企画が討議され、その試作にも着手された。昭和23年末から24年にかけて車両全体の計画にまとまって来て、Ⓓという略号が使用されるようになった。その頃の計画の概要はほぼ次のようなものであった。

・ホイールベース2,005mm→2,100mm、トレッド前1,038mm→1,140mm。
・新860ccのエンジン、4段変速機(コンスタントメッシュ)。
・オイルブレーキ、ヒンドレーウォームのステアリングギヤ。
・スパイラルベベルのリヤアクスル、5.00－16のタイヤ。
・梯子型のフレーム(乗用車用にはボックスセクション)。
・新設計のボディー(エンジンおよびペダルは50mm前に出す)。
・トラックと乗用車のキャブフロントは共通。

　この企画に対して、営業部門からは一気に実施してもらいたいとの意向が出されていたが、実行部門では資金、設備準備能力の問題や改善の効果についての疑問などの理由で、一部の項目ごとの先行実施の意見も強かった。いずれにせよ、生産に必要な出図は昭和24年12月中旬までに整えることになった。設計部吉原分室としては、基本方針が決まらず今後の改善の進行が遅れることを懸念して、設計部長宛に意見書を出した。その内容の

III. 110型および120型の誕生

要旨は、後日単独に実施可能な変速機と後車軸は暫定的に補強で間に合わせることもやむを得ないが、エンジン、前車軸、タイヤ、ステアリング、ブレーキおよびフレームはまとめて変更することが望ましい、というものであった。

昭和24年12月になって、Ⓓの実施項目および時期が次のように決められた。
・第1期改造　エンジン860cc、リヤアクスル（ただし終減速装置のウォームホイールはそのまま）
・第2期改造　変速機、クラッチ、プロペラーシャフト

これにより昭和25年8月にCS－4型として、D10型860ccエンジン21馬力の採用、終減速機の差動歯車の補強などを行ったのは既述の通り。引き続き昭和25年12月にはオイルブレーキの採用、ヒンドレーウォームのステアリングギヤの採用、およびホイールベースの145mm延長を先行してCS－5型として実施することが決められた。CS－5型は昭和26年8月から発売された（トラックは5147型、乗用車はDS－4型およびDB－4型）。

さらにⒹ実施までの改良としてエンジンにダウンドラフト型の新気化器の採用による出力の増加、およびオイルフィルターの装着などを行ってB型エンジンとし、その他の小改造も加えてCS－6型（トラックは6147型、乗用車はDS5型、DB5型）として昭和28年1月および2月に発表した。

Ⓓとして残った命題は、前車軸（平行ばね）、後車軸（スパイラルベベル）、変速機、クラッチ、プロペラーシャフトおよびフレームの変更と、それに乗せる車体のスタイル、構造等をどうするかということであった。これらは最終決定に至らないままであったが、昭和26年末までにⒹの準備を完成する方針であったので、本社設計部門では昭和25年9月には最初の試作車ができ上がり、引き続きそのテストが行われ、大号令が出され次第、すぐに生産準備に掛かれるように仕事を進めていた。

当時議論の主題となったものは乗用車の性格論であった。
①自家用車とタクシーのどちらを主体とするか。
②乗用車のシャシーをトラックと共通にして良いか。

③ボディスタイルの賛否。
④乗用車は外注に頼らないで内製にすべきではないか。
などで、トラックについては積載量を600kg積みのままか750kgにするかなども話題となった。

　昭和27年6月から9月にかけて大体次のような役員会の指示が出された。
①ダットサンはトラックを主体として考える。
②乗用車の生産体制は現在の方式を考える。すなわちシャシーの基本はトラックと共通とし、それを日産で製作して、車体は新三菱重工等で製作してもらう。
③現在の価格以下にするように計画する。そのためにⒹの原価見積りおよび準備費を正確に出す。
④Ⓓの車体は造形しなおす。その際
　A案・トラック用には専用の簡素な車体とし、乗用車用は別に考えるもの。
　B案・トラック主体の車体であるが、そのキャブフロントは、乗用車にも共用できるもの。
　の2案をつくりその是非を答申すること。
⑤Ⓓの発売時期は昭和29年3月と予定するが、なるべく早く出せるように準備すること。
⑥CS-6型は予定通り実施すること(エンジンの改良、ブレーキ力強化など)。この方針にしたがって、設計部では車体造形AB両案をつくり、打ち合わせの結果、B案すなわちトラックと乗用車のキャブフロントを共通にする案が適当である旨答申された。

　当時、国内全体の自動車の問題として外国製乗用車の急増が議論されることになった。外国製乗用車は、昭和25年末から日本人向け譲渡制限の緩和や、無為替輸入車の転売増加などで、輸入車が急速に増加して来たので、通産省では日本経済の発展に貢献する乗用車工業を保護するために、昭和27年6月に「乗用車関係外資導入に関する基本方針」を決めた。自動車工業会の資料によれば、国産乗用車の昭和26、27年の供給量が3,611台、4,837

III. 110型および120型の誕生

台であるのに対し、外国製乗用車は1,650台、10,176台と急増している。昭和28年にはさらに18,637台になった。

そのころ国内自動車メーカー側では、外国メーカーと技術提携して国産化を図る話し合いが内密に進んでいた。昭和28年中頃には、日野とルノー、新三菱とウィルス、いすゞとルーツグループなどが交渉を進めていたようである。日産は昭和27年夏頃からの交渉で話がまとまり、昭和27年12月4日にオースチン社、オースチン輸出会社及びオースチン車の輸入販売会社の日新自動車と日産自動車との間でオースチン車の国産化に関する四者契約が調印され、12月23日に認可を受けた。この契約は技術的には比較的寛大な内容で、部品を他車に転用することが認められ、またロイヤリティーを支払うことにより技術を流用することも可能であるとの話を聞いた。

オースチン国産化の決定はⒹの生産移行に大きい影響があった。マイナス面では、国産化の仕事のために、設計部門も工場の準備部門も、多くの技術者の手を割く必要があり、またオースチン車とⒹの比較において、Ⓓ企画の見直しが必至となり、そのためにⒹ移行計画そのものがいったん休眠の状態になった。プラス面では、私達がコストや設備新設のことで二の足を踏んでいた新技術について、オースチンを見る機会を得て、それらをどんどん採用しなければ、世界の自動車の仲間入りができないという、決心の踏み台になったことである。具体的にはサイドバルブ、2ベアリングの860ccのエンジンでは太刀打ちできないということ、変速機はシンクロメッシュを決心すべきこと、乗用車は独立懸架にすべきことなどである。もちろん個々の設計については各担当者はむさぼるように知識を吸収していった。ずっと後に経験した中進国、途上国に技術移転するときの、受け入れ態勢のまだるっこさに比べて、当時の日本は教えられなくても、自ら資料を探し現物を調べて勉強した姿は、おそらく英国側でも驚いたことであろう。

この新装置採用の決心により、オースチンの技術そのままの流用ではないが、シンクロメッシュの変速機は昭和30年1月の110型の当初から取り入

れられ、オーバーヘッドの新エンジンの採用は昭和32年の210型に、独立懸架は昭和34年の310型に取り入れられた。

　Ⓓ計画の進行に大きいブレーキになったのは、昭和28年の大争議であった。昭和26年頃から激しくなった労使の紛争は、たびたびのストライキのほか、職場闘争や部分ストが相継ぎ、工場現場では非常に能率が阻害されていた。設計部門は比較的その影響が少なかった方であるが、昭和28年6月からは会社全体が無秩序の状態となり、生産は完全に麻痺し、ついに8月5日より吉原工場をふくめ全工場閉鎖の処置が取られた。

　その結果、その後の数週間は、組合（全日本自動車産業労働組合日産分会）との紛争対応に明け暮れた。そのような組合活動に批判的な有志が糾合して、8月30日に日産自動車労働組合（新組合）を結成し、会社側と独自の交渉の結果、吉原工場では9月8日から、横浜工場は9月24日から新組合により生産が再開された。この間すべての企画はストップ状態にあった。

　この紛争の最中であるが、昭和28年の春には、開発部門としてはダットサンの大改造すべき点についてほぼ意見が固まり、それをまとめて仮にCS－7型として、あらためて試作試験に着手した。これは今まで議論されて来たものの集大成で、その後は個々の命題でなく、CS－7として実施するか否かの議論をすることになった。5月には小林次長よりCS－7型実施について、役員の意見がまとまらないので、吉原分室からも意見書を出してもらいたいとの話があり、私は改造しなければならない項目と、そのために変更しなければならない関連部位とをマトリックスの表にまとめ、CS－6で残された改良項目は単独では解決できず、CS－7の形でまとめて実施せざるを得ないという意見を届けた。

　この意見書がその後の決定に影響したかどうかは定かではないが、吉原分室としては精一杯の努力であった。昭和28年のいつごろⒹの生産が決心されたか、私の記録でははっきりしないが、争議の収まった28年秋にⒹの各種テストが行われ、12月下旬には現行車も含めて伊豆方面の長距離テストが行われた。それには浅原社長も参加されたように思う。これで最終的

な決心をされたのか、あるいは決心された後の確かめのテストだったのか、私には分からないが、多分後者だったのではないかと考える。

というのは、12月の設計部の会議で初めて「改良型ダットサン」という言葉が出たからである。これは今度の車が世間に漏れた際、大変更のものであると思われたくない意味が、多分にあったためである。また略符号のⒹは社外にかなり知られているかもしれないので、㊹に変更された。また、同時期に120型という新型式番号が使用されるようになった。これは今後の新型車から将来にわたって使用できる車種型式の最初の適用車である。20型とは小型トラックで、その大モデルチェンジによって120、220と変わる予定の番号である。これと同時に乗用車は10型で今回の㊹の乗用車は110型が予定された(参考：30は中型乗用車、40は中型トラック、50は大型乗用車、60はジープ型四輪駆動車、70はウェポンキャリアー型四輪駆動車、80は大型トラック、90はバス)。

この決定により㊹の準備は、昭和29年1月から大車輪で展開が始まった。このときの㊹の基本的な変更内容は次のとおりである。

①エンジンおよびペダルの位置を前進させるために全レイアウトを変更する。
②クラッチの変更および4段変速機の採用。
③後車軸駆動のウォームをハイポイド歯車に変更。
④前車軸の懸架方式は平行ばね形式にする。
⑤ステアリングはウォームセクター式よりウォームローラー式に変更。
⑥フレームは新設計の剛性の高いものとし、乗用車用はボックスセクションとする。
⑦車体は一新し、その造形はさきにB案として提案されたものによる。すなわちキャブフロントは乗用車とトラック双方に使用できるものである。

2月にはクラッチのボルグアンドベック型への変更、変速機にシンクロメッシュの採用を追加して緊急に決定された。クラッチもシンクロメッシュ機構もオースチンのものは英国での外注先の専門部品会社の設計であるため、そことの契約のない日産自動車では使用できないので、かねて独

自に設計してあったものを使用することになった。

　これらの仕事を含めて翌年、昭和30年1月の発売になんとか間に合わすように指示された。結局、このときのモデルチェンジはエンジン本体、ユニバーサルジョイントおよびブレーキを除いて、他はほとんど新設計になったと言えるものである。

　その年昭和29年2月に職制変更があり、設計部長は飯島博氏となり、私は車体設計課長として本社に転勤することになった。本社の設計部に移ったので、私の担当の仕事はダットサン車以外の車にも拡がり、当時はニッサントラックの480型、新580型、シャム（タイ）向け特別仕様車、リヤエンジンバスの試作、中型トラックのB40型（後のジュニアー）、オースチンA50車の図面の整備、および前記コンバー乗用車の指導などを抱えており、車体設計課は総員21名で人手不足であった。その中でもやはり�の仕事が過半を占め、他課や他部署からも応援を求めて仕事をこなしていた。

　�の方針が決定されて後のいちばん重要な仕事は、新三菱重工に乗用車の新設計とその生産準備を依頼することであった。これは日産としても重要なことであるので、原科常務が先頭にたって交渉が行われた。

　予備的な交渉は昭和28年12月から行われ、翌年1月には社長から正式に依頼がなされたと聞いている。2月からは月に2、3度の頻度で会議が持たれた。問題の大きいものは二つあった。その一つは生産開始時期の問題である。三菱側としては乗用車専用部品の設計作業を含めて準備期間に18〜20ヶ月必要であると主張していた。これだと昭和30年1月の立ち上がりには到底間に合わない。日産からのプレス型製作などの応援作業がどの程度得られるか、試作用部品などがいつごろ入手できるか、またそれで期間がどの程度短縮できるかなどのこまかい折衝があった。それでも、正規生産は昭和30年3月になるということだった。

　もう一つの大きい問題は日産から供給する車体のプレス部品類の精度に関する問題である。三菱ではDB－6型デラックス車の生産から得た貴重な経験から、パネル類の精度、特に接合部分の精度を三菱の要求する範囲（三

菱側の言い分としては合理的な精度で、無茶な要求をしているのではないとしている)に入れたものを供給することを保証してもらいたいと主張していた。日産側では、その理論的根拠や具体的な数字を、その場で理解することが困難であり「自分達の経験から、車体を組み立てるのに十分な精度のパネルを供給する」という抽象的な言い方のままで議論がなされた。

この問題は双方の納得する形では解決をみないままで準備は進んでいった。昭和29年3月の名古屋での会議の帰途、吉原に立ち寄って大野生産部長と話しあった。

「相手のある仕事だから大変難しい。双方納得しないままで、仕事を押しつけて来るのも気持ちが悪いし、三菱側も主張が理解されないままで、仕事を引き受ける不快さも残るであろう。また、それを解きほぐすにも大変な労力と時間が必要である。いっそのこと前から一部で主張されていたように、乗用車を内製にしたらこんな問題もなくなるし、ぜひやりたいものだ」と意気投合した。

その後、大野部長はダットサン乗用車内製計画をつくって、本社に提案したと聞いている。後に大野部長は「あの案はまた吉原の夢だと言ってあっさり蹴られて持ち帰ったよ」と話していた。

5月に入って㋹の試作乗用車110型に対する総合的な検討がなされた。この時に役員から㋹のスタイルについて重大な批判が出された。乗用車のルーフの後部のドリップモールドがみっともないということだった。これ

ダットサン110型

はトラックも同様であるが、ルーフを車体の上方からかぶせる構造で、車体設計の基調になるものであったので、これをなくすることは設計の大変更になることだった。

　1週間後、この件で三菱と打ち合わせをした。三菱側でも驚いたようであるが、意外に協力的で、ドリップなしの試作を7月下旬につくってみること、やるとすれば、生産立ち上がりは45日遅れになるという返事が出された。推測だが、三菱側でもスタイルについて同様な意見があったのではないかと思う。生産時期を1ヶ月早める交渉が別に行われているときであり、生産の遅れは困ることなので、この問題は三菱との間では打ち切りとなった。余談になるが、このルーフの構造は5年後の1959年に発表されたオースチンミニのルーフとおなじ基調のデザインだった。

　一方、日産社内では慌ただしい動きとなった。至急に後部のドリップを廃止したモデルをつくって、役員に見てもらうことになった。その結果によっては緊急に乗用車内製の方向になるかもしれないので、飯島部長から内々に乗用車の設計を緊急にやれるだろうかという打診があった。私は課員全員を集めて現情勢を話し「トラックだけでも工数不足の時であるが、乗用車の車体設計を無理をしてでも、緊急にやってみようという気持ちが皆にあれば、設計を引き受ける意志を部長に話す。私としてはかねてからの念願であるから、引き受けたいと思っている」と相談した。全員一致で「やりましょう」と賛成してくれた。そのときは涙が出そうになるほど感動した。

　その直後に乗用車を内製すること、その車体は後方にドリップモールドのない車とすることが決定された。なにしろ発売予定の昭和30年1月まで6ヶ月余しかない時期に、設計から始める仕事で、今では到底考えられないむちゃなスケジュールだった。即時6月30日までに全部品表と全部品図面発行の指令が出た。早速準備に必要な主要図面の出図日時の予定表をつくって関係部署に期限の約束をした。必ずしも6月末ではなかったが、それでも非常に無理な日程であった。

Ⅲ. 110型および120型の誕生

　当時、出図が予定より遅れることはいつものことで、その都度関係部署からきつく非難された。その非難を少しでも和らげたいと、私は出図予定日の前日に「この図面は何日遅れていついつになる」ということを関係部署に連絡した。この措置で図面遅れの非難をほとんど受けないで仕事ができた。もちろん課内の全員が内製化の意気に燃えて無理なスケジュールをこなしたのでできた仕事である。生産担当工場は吉原工場であるので、3ヶ月前に作成した吉原の大野生産部長の乗用車内製計画書が早速日の目を見たのである。

　三菱とのその後の調整は面倒なことであったが、5月末に日産の首脳から直接事情説明と了解工作がされて、その後も私達は技術的な折衝では予想外にスムースなやりとりができた。結局、三菱製の乗用車（後部のドリップモールド有り）は110型として、関西地区以西に販売され、日産内製の後部のドリップモールドなしの乗用車はA110型として、中部地区以東に販売されることになった。110型は1年後のマイナーチェンジで112型になった際に打ち切られて、その後はセダン型乗用車はすべて社内製になった。

　この関連車種として600kg積みデリバリーバンV120型、500kg積み乗貨兼用のライトバンAV120型はいずれも殿内製作所に、400kg積み2列乗員席のピックアップU120型を京浜木工に依頼し、ほとんど同時に発売、その他ワゴンW110型、医療車M110型および2ドアオープンカーK110型を住江製作所でつくったが、ごく少数生産されたのみであった。

　120型トラックは850kg積みの要望もあって、その準備もしたが、10月〜11月のテストの結果積載量750kgとして発売することになった。生産開始は全部の準備のととのわないうちにスタートし、生産試作に引き続いて、少しずつ生産量を増していった。トラック120型は昭和29年9月から、内製乗用車A110型は11月末の生産試作からスタートした。

　三菱製乗用車製造の110型はそれより早く立ち上がれたのであろう、12月までの生産量は215台で、120トラック系は（バンを含めて）549台、A110乗用車15台、同シャシー23台であった。いちばん最後になった新装置は変速機

で、11月1日の報告では、まだシンクロナイザーがしっくりいかず、音も不合格という記録がある。シンクロメッシュ変速機は29年2月末方針決定、8月下旬試作完了、11月20日治工具完成で、担当の吉原工場および関係部署の大変な努力で、やっと1月の発表に間に合わせた。

　昭和30年1月には販売店に対する内示会、2月初日から東京で、発表展示会が行われた。この展示会ではA110型セダン、120型トラックのほか、ちょうどモデルチェンジをしたオースチンA50型ケンブリッジ、ニッサン482型トラック、492型バスなども同時に発表された。

　ちょっとオースチンにふれておくと、契約時のモデルはA40型サマーセット（1,200cc）であったが、その後すぐにA50型ケンブリッジへのモデルチェンジの内容がわかり、国産化はその車を対象にして計画が立てられた。ケンブリッジのエンジンは1,200ccが基本で、オプションとして1,500ccがあったので、日本での生産にどちらを選ぶかの問題があったが、ダットサンとの格差も考慮し、1,500ccを選んで準備された。この決定は幸運であった。というのは本国でもその後1,500ccに一本化され、1,200ccは生産されなかったと聞いている。国産化完了3年半の予定を繰り上げるのと、モデルチェンジの時期を早めることを図ったので、ちょうどこの発表会を同時に行うことができたのである。

　この発表会ではダットサンはとくに販売店側に好評で、今までサービス連絡会議の都度言い続けてきた、不具合の対策がほとんど取り上げられて解決されており、安心して顧客に薦めることができる車であると喜ばれた。

　初めのうち半信半疑の目で見ていたタクシー業者も、使い始めた業者からの評判が伝わり、注文も増えて来た。3月には受注残も多くなり、生産能力拡充が必要となって、横浜工場でA110乗用車および120トラックの組み立てを吉原工場と並行して行うようになり、さらに7月からは、乗用車は吉原工場、トラックは横浜工場に分担して組み立てることになって、月産台数を1,200台に引き上げるための、設備の充実も実施された。

Ⅲ. 110型および120型の誕生

　A110型乗用車と120型トラックの主要仕様は次のとおり。
・A110型：寸法 3,800×1,466×1,540mm、ホイールベース2,220mm、トレッド前1,186・後1,180mm、車両重量890kg、乗員4名、最高速85km/h、エンジンB型860cc、25ps
・120型：寸法 3,742×1,466×1,540mm、ホイールベース、トレッドは乗用車に同じ、車両重量865kg、最大積載量750kg、乗員2名、最高速75km/h

　昭和30年3月21日付で設計部門の職制変更が行われ、設計部企画室が新設されて、藤田昌次郎氏(後の研究所長、鬼怒川ゴム社長)とともに、私は課長待遇の企画室員となった。私の車体設計課長としての役目はちょうど1年で終わった。室長は前年末取締役に就任されていた飯島設計部長が兼務されて私たちは直接指示をうけた。エンジンは企画業務をふくめて高橋宏機関設計課長(後の副社長)が担当し、藤田氏はニッサン車担当として、大型のトラック、バス、四輪駆動のパトロールおよびキャリアー、中型トラック系(後のジュニアー、キャブオール)およびオースチンのまとめ役となり、私はダットサン車担当として、小型乗用車およびトラックの面倒を見ることになった。この3人はチーフデザイナーとして、他部署にたいしても大きい発言権をもった。
　ダットサン担当になってまずやる仕事は、できたばかりの110型、120型

ダットサン110型透視図

をどう育てるか、どう改善するかということで、それに引き続き次の時代の乗用車を計画することであった。早速㊹の世評を早くキャッチするために、分担して4月にマーケットリサーチに出掛けた。この手法は既に開発されていたが、この時は調査人員が少なかったので、量より質に重点をおき、上級者の聞き取り調査として、質問内容も具体的に対策立案の参考になるものに絞った。私は岩田明君（品質管理課）と中四国地区に出掛けた。

　市場調査に出張中に新聞に通産省の国民車育成要綱案が報道された。その概要は国民車として備えるべき性能条件、予想仕様、原価の条件および試作から生産に至る手続きなどについてである。

　性能条件としては、
①最高速は時速100キロメートル以上出せること。
②乗車定員4人または2人と100キログラムの貨物が積めること。
③平坦な道路では時速60キロメートルの時に1リットルの燃料で30キロメートル以上走れること。
④大きな修理をしなくても10万キロメートル以上走れること。

　原価条件としては、月産2,000台の場合には1台当たり15万円以下で造れること。そのため購入部品、原材料は1台当たり10万円以下であること、これにより予想されるエンジンの大きさは排気量350～500cc、車の自重は400キログラム以下が適当。

　試作から生産に至る手続きについてもかなり細かく規定されていた。

　旅行先で一応考えたのは設計陣容等が整っているという条件ならば、車の性能としては不可能とは言い切れないかもしれないが、大変難しいことで、特に原価的にはとてもできそうにないと思えた。帰社して内々検討すればするほど、難しい命題だなあと感ずるようになった。この命題は自動車工業会としてまとめて検討され、この条件では製作できない、とくに価格面ではたとえ製作されたとしても、5割高となるとの結論が出された。その後、各社間および政府との間で折衝の結果、この提案は棚上げという形で一応終止符を打たれたようである。

III. 110型および120型の誕生

　しかし、この構想は自動車技術者の脳裏に入っていて、その後の各社の動向に大きい影響を与えた。すなわち、庶民の財力で買える車をつくりたいという考えと、自分達は当分買えないけれども、世界に通用するまともな車をつくった方が良い、という考えがいつも頭の中で相克していた。後者の場合庶民用の車は中古車がその役目を果たすであろう、という考え方がその根底にあった。結局、この二つの考え方が両極端に走ったわけでなく、前者に近い考え方は軽自動車の形で発展し、後者に近い形は小型自動車の形で発展し、経済の急進展に伴って庶民の所得の増大と生産増加による販売価格の相次ぐ低下が、自動車購入の可能性を高め、やがて世界的に競争力のある自動車生産国となった。もちろん当時ここまで読めた人はいなかったであろう。

　それはさておき、昭和30年のダットサンの調査とその後の市場要望、および生産移行時から改善したいと思っていた改良事項を、急いで実行することにした。

　最も気になっていた欠点はワイパー機構であった。ダッシュに取付けてあるモーターからリンクで、カウルに取付けてある左右のワイパー軸のクランクを動かす際に、その関係寸法の狂いはワイパーの拭く角度の誤差となる。3部品の関係位置を狂いなく保つのが難しいのと、各々の取付け部の剛性不足による変位のために、リンクの「デッドポイント」を越えて動かなくなる場合や、ワイパーがガラスの面からはみだすことがあるなどの欠点があった。これを解決するために、個々にカウルやダッシュのパネルに取付けることを止め、モーターとワイパー軸とをまず剛性の高い一枚のパネルに取付け、リンクも組みつけて、この組み上がったパネルのセットをダッシュに取付けて、ワイパーの軸だけがフロントガラスの下に突き出ることにした。これによりリンク系の誤差やがたをなくすこと成功した。組み立て現場の人には窮屈なところの仕事がなくなったと喜ばれた。

　しかし、この変更のためにはインストルーメント部分（メーター盤の裏）の全配置替えが必要で、新車発売後1年経たないうちに変更することは、気

の重い仕事だったが、思い切ってメーター盤の変更をした。これは112型122型として昭和30年12月に発売された。

　後日談だが20数年経って、輸出車にワイパーブレードがフロントピラーへ乗りあがるクレームが出たとき調べたところ、3個別々の取付けになっていたのを見てがっかりしたことがある。設計上のいろいろの制約があって、そのような構造になったのであろうが、それなりに剛性をカバーする何らかの対策が必要だった筈で、過去の苦い経験が生かされていないのは残念であった。

　この112型の車体関係では、その他に方向指示灯をフェンダーの上に出す変更をした。俗に「蟹の目玉」と言われたもので、自転車や歩行者など外側後方にいる人に分かりやすいように計画したつもりであった。これは前のほうが少し大きい紡錘形の前面および後面にレンズを付けたものである。ところが保安基準で方向指示灯としては20cm²以上の灯火面積が必要であり、方向指示機以外に点滅する灯火を付けてはいけない規定もあった。この後面レンズは20cm²なかったので方向指示灯と認められず、したがって、禁止規定に該当することになった。やむを得ず後面をふさぎ、側方のみに見えるように急遽改造した。

　エンジン関係ではスロットルボタンを廃止してチョークと連動にした。これはかなり始動性を良くし、今までの車のなかで、冬の始動後のウォームアップの時間は最も短かったように思う。冬でもスタート後すぐに快調に走れた。

　乗用車系では変速機の変速比をオースチン同様にクロスギヤレシオにした。乗用車としては登坂能力に余裕があるので、ギヤ比をせばめて、加速追い抜きの際にサードを便利に使用できるようにしたつもりであったが、これは成功しなかった。セコンドギヤからのスタートが非常に困難になったという文句が多くなり、昭和32年1月に元のトラックと同じ比にかえした。4段ミッションでのスタートに1速を使用しない人がこんなに多いとは思わなかった。

III. 110型および120型の誕生

　このダットサン112型セダンは昭和32年8月に毎日新聞社の毎日産業デザイン賞の対象となり、造型課長佐藤章蔵氏が工業デザイン部門の受賞者となった。「ダットサン112型セダンは国情の許す範囲内でデザインされた最も日本的な作品だ。特にデザインの一貫性の上から日本の貧乏を肯定してデザインされ、ムダのない健康的なデザインである」と述べられている。

　私達は手塩にかけて育てた車が、世間に認められて賞を受けたことに非常に感激し、また周囲の雑音にめげず自分のデザイン上の信念を貫き通された佐藤先輩にあらためて絶大な敬意を表した。もしルーフにドリップモールドのあるオリジナルデザインの車が生産されて、この賞を受けたならば、佐藤氏はもっと心の中で喜ばれたのではなかろうか。そのデザインは、佐藤氏が車体組み立てのことを考えた上でのデザインの基調だったからである。佐藤氏はデザイン担当であったが、昭和12年卒の東大機械工学科の出身であった。

　引き続き昭和31年6月発売の113型(トラックは123型)より変速機のチェンジレバーをリモートコントロール式として、ステアリングポストにつけた。後にお手本のオースチンケンブリッジでは、マイナーチェンジでスタンダード車はフロアシフトに変更されたのでおやおやと思った。今ではリモコン式はほとんどお目にかかれないが、その良い点はギヤチェンジの際に上体が横揺れしないので、ハンドル操作が安定していることである。この時に変速機のギヤボックスと後車軸のギヤキャリヤーをアルミ合金鋳造に変更した。

　この章の最後にコストと軽量化の関係の私なりのOR(オペレーションリサーチ)的な判断について付記したい。

　113型で変速機のリモコンを採用するときに、どうせギヤボックスは変更しなければならないので、この際にアルミ化を考えた。オースチンもアルミのケースであった。原価計算上は鋳鉄のケースより高くなるが、軽量化の利点がある。このような利害相反する場合に、この利点を同一の尺度で

比較できれば、判断が楽になる。私は自分なりに「1グラム、30銭」という尺度をつくった。

　他人を説得するほどの根拠をもっているわけではないが、その後も私なりの判断の基準として活用した。この数字は当時のエンジンを含むシャシーの原価を、車両全体の重量で割り算した値に、軽量化促進の意志を含めて、少し割り増した数字である。たとえば、1トンの車両をある性能で動かすために必要なシャシー部分の原価が30万円であったとする。車両重量が増加すると、同じ性能を出すのにシャシー部分を高性能にしたり、補強したりすることが必要になる。もちろん1グラム増加してすぐに30銭必要とは言えないが、段階的にどこかで改善のための費用が必要になる。その平均増加率を出すことは大変面倒なので、大まかに車両重量とシャシーの原価を比較したものである。

　この基準から判断すると鋳鉄をアルミ化することは、是認される範囲にあるが、さらに軽くするために、マグネシウム合金にすることは負担が大きすぎる。また、フレームなどで強度剛性にあまり関係しない側面に孔をくりぬく際に、プレスの工程ならばやってもよいが、機械加工で軽量化するのは一般的には損だという判断となる。万能的ではないが一つの尺度だと思う。

　ついでにOR的な別の例を取り上げる。この例は前記のものよりもっと根拠があやしい。ほぼ同様な構造をもっていて、大きさの異なる装置の原価推定の方法である。原材料の原価は重量に比例するとみなす。加工面積は重量の2/3乗に比例するが、工程数は変わらない。重くなるとハンドリング費用はかさむ。それらを総合して加工費は重量の1/2乗とみる。材料費と加工費を合わせて大まかな推定原価は重量の3/4乗に比例するとして第1次見積とする。当時大型車の変速機と小型車の変速機の原価比がこれに近かった。これもかなり役立った。購買部門から外注の見積を取ったときに、この推定と著しく異なるときには、どうもおかしいから見積もりなおしてくれと依頼した。

Ⅲ. 110型および120型の誕生

　量産と原価との関係にも触れておく。量産化すると安くなるという関係をグラフにしたものに有名なシルバーストン曲線がある。これを式に近似してみると、数量の少ないところでは原価が生産量の$-1/5$乗の曲線に近く、多い方では$-1/10$乗の曲線に近い。面倒なので$-1/8$乗に比例するとした。これを次のように応用する。用途の同じA、Bの部品がある。Aの方が原価が高い。高いAでBの代用ができるが、安いBでAの代用はできない場合、高いAに統一できないか。今A、Bの需要量がほぼ等しければ、高いAに統一するとAの原価は92％に下がるはずである。したがって、Bの原価がAの84％であっても統一して良いことになる。誤差が大きいであろうから、一応の判断としては、Bの価格が90％以上ならば統一しなさい。Bが70％以下ならば統一を考えるな。その間ならばたいした損得もないだろうからどちらでも良いし、場合によっては見積もって決めてもよい。もちろん部品の統合は全国販売店末端までの倉庫の管理までも考えると、これ以上のメリットがあるので、その政策を加味するほうがベターである。

ダットサントラック120型（右／1955年）

Ⅳ. ダットサン1000（210型および220型）

　ダットサン用の860ccエンジンは非常に使いよいエンジンであったが、サイドバルブエンジンで、クランクは2ベアリングであったため、高速には不向きで、機械音も騒がしく、高出力化も困難であった。それで、かねてから新エンジンの開発が計画され、試作されたものもある。当時、設計部内では小型車のエンジンとしては、900cc程度が適当であろうという意見が多かった。

　昭和30年5月に日産のエンジン技術向上のため、コンサルタントとして米国からドナルド・D・ストーン氏を招いて、指導を受けた。ストーン氏はウィルス・オーバーランド社を引退していたエンジニアで、ジープのエンジンなどを開発していたと聞いている。誰の紹介で来日されたのか私は聞いていないが、非常に良い指導者であった。付ききりで応対し指導を受けていたのは機関設計課の島谷米太郎氏で、私は直接接していないので、断片的にしか知らないが、理論的なことよりあくまでも現物についてその欠点を解明して解決して行くことに主眼をおいて指導されていたようである。

　その一つとして、耐久試験の考え方がある。ストーン氏の指導された試験法は、エンジンの最高出力状態で100時間の連続耐久試験をしなさい、そこで起きる不具合をすべて解決できた時に、一応実用耐久性の目途がついたと考えて良い、というテスト法であった。今までの路上で使用されるモードを考えての耐久テストをしていたのに比べると、まったく恐ろしい

Ⅳ. ダットサン1000（210型および220型）

ような苛酷なテストであった。

　テストを始めてみると、10時間あまりの時点から、いろいろと故障や破損が出て来たそうである。米国におけるエンジンの信頼性のレベルの高さを垣間見た感じである。

　そのストーン氏に開発計画中のエンジンの話をして、その批評を乞うた。ストーン氏は次のような意見を述べられた。日産はせっかくオースチン1500のエンジンの設備を計画中であり、そのエンジンの素質も良いので、その活用を考えるべきである。設備費をできるだけ少なくして性能の良いエンジンをつくるには、オースチンエンジンのストロークを3分の2にして、1000ccとし、それでできるだけエンジンの丈を低くすれば、理想的ではないかも知れないが、実用的には優れたエンジンができるはずであると言われた。

　エンジン設計関係者が具体的に計画してみたところでは、次のような気掛かりな点があった。普通に68mmのスクェアエンジンとして計画するものに比べ、高さで35mm、長さで25mm長くなり、重量で28kg重くなることが予想され、また例を見ないショートストロークのエンジン（径73×ストローク59mm）になるので、燃焼室の設計は難しくて、性能が心配であるという意見が出された。

　ストーン氏は米国のV8エンジンにはそれに近いショートストロークの例があると言われた。また寸法、重量に欠点はあっても、設備費のかからないこと、経験ずみの部品または同一の設計思想による部品が使用できるメリットは、はるかに大きいものがあると説得された。

　その意見にしたがって計画された1000ccのエンジンは「ストーンエンジン」と略称された。ストーンエンジンはその構造上、ストロークの縮小に比例するほどは高さを詰められなくて、やや長めのコネクティングロッドになったが、その影響は悪い方ではないので、そのまま計画は進められた。

　計画中であったオースチンのシリンダーブロック生産用の日産自動車としては初めての最新鋭トランスファーマシンは、直ちに丈の低いブロック

も加工できるように修正された。ストロークが小さいために、燃焼室の形に苦心したようである。渦流が少なく燃焼伝播速度が遅いためであろうか、点火時期は相当に早める必要があると聞いた。一方、往復重量による加振力は小さく、そのうえコンロッドが長めであるため、2次加振力も小さく、クランク軸のカウンターバランスをつけなくても済む利点もあり、高速化には有利であった。さらにシリンダーブロックの重量、剛性とも大きめであったので、車両に搭載して音、振動が非常に小さくなって、後にタクシー運転手に静かだとよろこばれるエンジンになった。このエンジンの採用により出力はB型860cc24馬力から、C型988cc34馬力になった。

ダットサンとは無関係だが、ストーンエンジンにはNo.2がある。もう一つのエンジンはニッサン車のNB型エンジンで、オリジナルはグラハムページの82.5×114.3mm6気筒、3,670cc、95馬力のサイドバルブエンジンである。昭和31年にボアを85.7mmに拡大して3,956cc、105馬力のNC型とする準備が進行中であった。

ストーン氏の意見は、このエンジンは珍しい7ベアリングの頑丈なエンジンなので、これをベースにして、オーバーヘッドバルブエンジンにすれば、かなり無理のきく高出力のものができるはずであるということだった。

この変更により、シリンダーブロックは簡単な構造になるが、シリンダーヘッドはまったく新規なものとなり、かなり大袈裟な変更になるが、

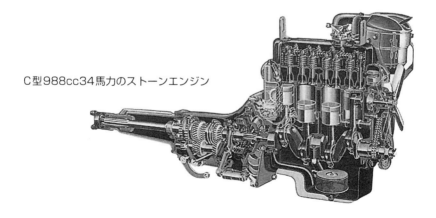

C型988cc34馬力のストーンエンジン

Ⅳ. ダットサン1000（210型および220型）

これも実行に移された。昭和34年にP型OHVエンジンとして生まれ変わり、NC型105馬力から125馬力と出力を増大し、その後、30年間ニッサントラック系の主力エンジンとして命脈を保っていた。

ダットサンは113型（トラックは123型）の後に、車体の形状に関する批評に対応して、フロントガラスを平面から曲面に変更する計画があり、昭和31年11月を目途に準備が進行していたが、昭和32年7月を期してストーンエンジンと同時に採用することが決定された。

この時の変更時に、かねて要望のあった専用ヒーターとデミスター（ウィンドシールドの曇り止め）の設定をした。また、クラッチ操作に油圧を使用し、ペダルを吊り下げ式とした。このクラッチ操作の油圧システムは、以前に中近東方面の輸出用に左ハンドル車の要望があった際、クラッチペダル系統の設計に苦しみ、左ハンドル車（L123型）のみ先行して採用していたものである。クラッチの操作を機械式にロッドで伝えるとスタート時の回転力の反作用によるエンジンの回転振動が起こり、クラッチの操作中に断続が生じ、ジャダー（スタート時のガタガタ振動）がおこると考えられたことから、その防止と左ハンドル車製作上の便宜も考慮して、油圧式を採用したものである。その後、ジャダーの原因はこればかりではないことが分かったが。

1,000cc車発売までには、なお紆余曲折があった。当時小型タクシーとしては、910cc以下のエンジンの車が認められていたので、998ccではこの限界を超すため、販売上大いに困るということだった。そのため、ストーンエンジンをベースに908ccのエンジンも計画された。3種類のエンジンと2種類の車体の組み合わせの、どれを生産するか議論されたが、結局908ccのエンジンは採用されず、車体は曲面フロントガラスの車のみとし、1,000ccの車を210型として主製品とし、一部860ccの車を114型として主としてタクシー用に残すことになった。トラック系も220型および124型として設定され、220型は850kg積みになった。

これらの4車種は昭和32年10月23日に一斉に発表された。220型はその後、6尺荷台のものを設定し、G220型とした。これはホイールベースおよび荷台を300mm延長し、1000kg積みにしたものである。
　210型乗用車の675,000円に対し、114型は55,000円安の620,000円であったが、114型の需要はあまりなく、860cc系の車は昭和34年5月に生産は打ち切られた。
　ダットサン1000が発表されてすぐに、タクシー業界では小型タクシーのエンジンの上限を1,000ccに改めたため、タクシーに114型の必要がなくなったのが最大の理由だった。その時点で戦前からのダットサンの部品は生産車の中から完全に姿を消した。
　ダットサン1000は高速安定性に幾分の疑問点があったが、非常に丈夫であり、当時の日本の道路事情によく適合していたので、大変評判が良く、特に営業車として需要が増加した。
　ダットサン1000の発売以前の昭和32年7月頃、米国でダットサンを売らせてもらいたいという話があり、その時点でのマージンとして次のような予想があった。輸入業者7％、ディストリビューター7％、販売店25％それに関税9％、州税3％で、現地陸揚げ価格（CIF）の1.61倍になりそうだと聞かされ、大変難しい商売だなあと思ったが、いつかは米国で販売することがあるかもしれないということを考えて、その後の車の計画にはいつも輸出の仕様が付随するようになった。
　米国への輸出は予想外に早く、実現しそうになってきた。こまかいいきさ

ダットサン210型

Ⅳ.ダットサン1000（210型および220型）

つは知らないが、昭和33年1月のロスアンゼルス自動車ショーに出品することになり、L210乗用車とL220トラックが出品された。その際の批評および認証手続き等の情報が何回か日本に届けられ、また2月には立ち会った輸出部門の岩田公一氏が、帰国して詳しい情報を伝えた。岩田氏および丸紅の若槻信成氏の意見を中心にしてまとめてみるとその要点は次のようである。
・スタイルは米車に似ていないところがむしろ良い。
・エンジンは静かで良いが加速力不足。
・4段変速機は坂路に良いが、リモコンのチェンジレバーのポジションが米人の習慣に合わない。
・スプリングがやや固く、またピッチングがある。
・車速60mile/hで振動がある。
・サイドブレーキの利きが良くない。
・ヘッドランプ、ガラスは認証が必要でフロントガラスは合わせガラスでなくてはならない。
・方向指示ランプ（蟹の目玉）はヘッドランプの下につけること。これらの部品を車とともにサクラメントの検査場に持ち込んだが不合格だった。
・総合してみると以上の不具合点を修正すれば1000ドルで売ることができると思う。
・トラックは販売の可能性が乗用車より高い。ただしキャブが狭くて米人には乗れないので4インチくらい前後に広げてもらいたい。

　この情報をもとにして真木伸君をヘッドにして設計部内に対米対策グループを編成し、各種対策品をつくるのと並行して高速テストを行った。当時、高速（高速と言っても100km/hどまりであるが）のテストをする場所を社内に持っていなかったので、飛行場を貸してもらう交渉をしたり、村山の機械試験場のコースを拝借したりして、なるべく少ない時間内に多くのテストをする計画を立てた。
　この時点で対策テスト用に準備したものは、各種特性の気化器、フロントアクスル（キャスター変更などの調整用）、ゴム入りプロペラーシャフ

ト、ステアリングの戻しばね、ファイナルギヤセット(歯車比39/8のもの)、ばね定数の少し異なる前後のスプリング、スタビライザー、ショックアブソーバーなどである。

 これらを国内であらかじめ充分テストして、その組み合わせをある程度絞りこんだうえ、米国に持ち込んで確認のテストをする計画を立てた。その計画にⓊ(マルユー)という略号をつけた。2月には石原取締役を委員長とする輸出対策委員会が設けられた。2月末私にⓊチームとして米国に行って来いという指示が出され、そのメンバー人選の結果、輸出部門から宇野敬治嘱託(後の北米部長)、設計部から私と真木伸、田辺邦行両君の4名が渡米することになった。私は昭和32年5月に次長待遇になっていたが、企画室員ダットサン担当の職務には変更はなかった。

 岩田氏から60mile/hでひどい振動が出るという報告を受けていたので、私達はこれまで国内ではあまり必要のなかった70km/h以上の走行テストを行うことにした。速度を上げていくと75km/hくらいから振動が始まり、80km/h以上になると、問題になる振動はほぼなくなる。速度を落としていくと同様にこのゾーンで振動が起こり、75km/h以下では静かになる。77km/hくらいで一定速度に保つと、ものすごい振動になり、私達は家鳴り振動だと言った。この言葉はその後ずっと使われるようになった。ステアリングホイールを握っておれなくなるほどの振動なので、前輪の振れと判断され、その解析に着手した。

 普通のシミーとは違うが、シャープな共振点があるので、解析はやさしいと思った。シャシーダイナモで前輪のみローラーにのせてモーターで駆動すると、ちょっと変わった現象がみられた。振動数はタイヤの回転数に一致するが、1〜2分くらいの周期で振動の静かになる時がある。唸りの現象があるのは、周期のわずかに違う二つの振動系があるはず、ということでさらに調べると、それは左右車輪の回転数の差、つまりタイヤのわずかな半径の差であることがわかった。加振力はタイヤのアンバランスであり、前車軸系にはその共振系がある。それは左右同位相の上下または前後

IV. ダットサン1000（210型および220型）

の振動ではなく、左右交互に上下する振動系であることもわかった。

　加振力を無くすことと、振動系を変えること、およびダンプ力をつけることが対策になるが、ついに振動系を変えることや、ダンプ力をつけることについては、うまい方法を短期間には見いだすことができなかった。加振力を無くすにはタイヤのバランスを取れば良い。バランスには静バランス（スタティックバランス）と動バランス（ダイナミックバランス）がある。タイヤの重心が車軸に一致しておれば、静バランスはとれたことになり、静かに回す分には振動にはならない。しかし、たとえばタイヤの外上と内下に同重量があれば、静バランスはとれても、動バランスはとれないので、高速では振動の原因になるはずである。この車の場合には幸いにして静バランスさえとれていれば、動バランスが少し狂っていても、実際上はほとんど振動を感ずることがないことがわかってホッとした。

　私達はその他、走行安定性向上に効果のある種々の対策をして、米国でも走れるだろうと考えられる程度に改善して、米国でのⓊテストではエンジンおよび足まわりの部品の特性の選択をすれば良い程度にまでに仕上げ、ガラス、ランプ類も対策をし、その新仕様の乗用車1台を現地に送ることにした。さらに展示のために現地に置いてあった車を改造してテストするための部品を積み出した。私達はそれらの現地到着の頃を見計らって渡米することにした。

　ちょうどそのころ、オーストラリアのラリーに210型で出場したいという話があり、並行してその準備が進められた。このラリーは8月20日から19日

オーストラリアのラリーに
出場した210型

間で16,000km悪路を走る非常に苛酷なもので、車と人の限界に挑戦するレースである。車の改造に関してはラリーのための特別な改造(たとえば前面下面のガード、タイヤやいろいろの工具類を固定するための室内の改造など)を除いて基本的な性能向上対策は、Ⓤと共通の項目が多く、Ⓤ用の部品を並行して手配した。ラリーのための最終仕様はⓊの結果が出て決めることにした。私達はまた次期ダットサン(310型ブルーバード)の設計、試作、実験を並行して実施しており、これも最盛期にかかっていたので、Ⓤのテストをいかにして次の車に生かすかというテーマを念頭においての渡米だった。このことに関しては章を改めて述べることにする。

　米国へは4月8日発、5月18日帰着の41日間の旅だった。まず出発早々にトラブルがあった。当時は羽田での見送りは盛大で、最後に萬歳で送られて機中の人となった。

　飛行機はダグラスDC－7Cで、最後の大型レシプロエンジン四発のターボ過給機つきであった。離陸して1時間近く経ったころ、左側のエンジンの一つが、火の玉を吹いて停止した(左側座席にいた田辺君の話)。アナウンスがあって「左側エンジンが1基故障したので、今から羽田に引き返します。その間にガソリンを捨てるので羽田までたばこをすわないで下さい」とアナウンスがあった。

　それからスチュアデスは何事もないように、にこにこと夕食を出し、私達はゆっくりと食事を取った。1時間ばかり経ったので、もう羽田に着くころだと思ったのになかなか着陸しない。2時間くらい経ったころ「ガソリンを捨て終えたのでこれから着陸する」とアナウンスがあり、羽田空港に降り立った。ちびりちびりガソリンを捨てるのに2時間もかかるのだなあ、と妙なところに感心した。その夜、といっても9日の未明になっていたが、一緒に第一ホテルに宿泊した。9日の昼前に再び羽田から、代替機のDC－6Bで出発した。そのときに見送りに来られたのは、輸出担当の石原取締役1人だった。大変感激した。

IV. ダットサン1000(210型および220型)

　DC－6は航続距離が短いので、途中ウェーキ島に立ち寄り、給油の間に米軍兵舎で夕食をとり、翌朝（やはり9日）ホノルルに到着。ここで入国、検疫、税関の事務を済ませて、夜10時過にサンフランシスコに到着した。予定が狂ったのでロスアンゼルス行きの連絡がうまくなく、翌日の午後8時の便になるので、その夜はJALの手配でホテルに宿泊することになった。
　翌日は時間的に余裕があるので、その日の夕食後丸紅の服部氏の案内で市内各所を見物した。初めての米国ですべてがもの珍しく、また奇麗であった。
　そのあとで私達3人だけになったとき、見知らぬ米人が「今日は祭日なので、奇麗な花がたくさん飾ってあるところがある。そこに案内してあげよう」と誘った。
　私達はたかられるのではないかと、おっかなびっくりでその人について行ったところ、なるほど見事な花がどっさり展示してあるところがあった。見終わってさてどうなることかと思っていたところ、その人は「はいさようなら」とさっさと別れて行った。私達は妙に親切な人がいるものだなと感心した。少し後のことであるが、ロスアンゼルスでいつものテストを終わって、試験車の駐車の契約がしてあるガレージからホテルに帰る途中、私達の持っているごみ袋を見て「あの街角にその集積所があるので、私が捨てて上げましょう」とその袋を持って行ってくれた人があり、米国には宗教的な親切運動、あるいは「一日一善」的な奉仕の習慣があるのかなと思いながら感謝したこともある。
　さて、予定より1日以上遅れて10日の夜ロスアンゼルスに到着し、三菱商事の近藤氏、丸紅の若槻氏、小野氏および日産からデザイン学校に留学中だった四本和己氏の出迎えをうけて、早速その夜、米国およびロスアンゼルス地区の自動車事情、日産の車の問題点などを聞かされた。
　翌日からスケジュールの打ち合わせ、領事館への依頼、車両、部品の通関、現地の車のエンジン乗せ替えを初めとする改造、右側通行に馴れるための運転練習などで大変多忙な日を過ごし、やっと20日頃から、車のテス

トができるようになった。

　米国での仕事は多岐にわたったが、日本で経験できないことに主眼をおいたので、車のテストとしては、自動車専用道路および砂漠地帯での運転性や諸機能のチェック、たとえば高速でのエンジンの加減速の具合、変速機の使い勝手、高速道路への侵入時の具合、バックミラーや灯火類の不具合の有無などをを感覚的に調査し、また高速での乗り心地、安定性、レーンチェンジの適合性などに関して持参したスプリング、ショックアブソーバー、スタビライザーを選択することなどであった。

　また、自動車の整備業者の持っている整備機器について、日本に無いものを調べ、米国人がどんなことに関心を持ち、また注意しているかを調査した。タイヤの表面の不規則な凹凸をとるための、タイヤの旋盤がかなり普及していることなどは面白い発見であった。販売店での販売のしかたは日本とかなり違いがあり、米国では販売店に客が来て車を選ぶので、広い駐車場に並べてある販売用の数十台の車は、いつ客に見られてもよいようにと奇麗にしておくため、二日に1度は全部の車を洗車しているという販売店もあった。いかに在庫の車と店を魅力的にするかに力を尽くしているかが理解できた。

　一方、車のテストに行って、かなり絶望的な感情にも見舞われた。現地関係者の鋭い批評もさることながら、この広い土地に一車種何十万台というものが走り回っている中で、私達がたった2台でテストすることが、いかに桁違いの実験量であるかということを考えると、とても太刀打ちできるようにはならないのではないかという空しい感情であった。それでも私達のささやかな実験で、何とか米国内で走れるようにはできそうだという感じが出て来たのは、大きな土産になるだろうと思った。

　サンフランシスコでは有名な急坂路での登降坂、登り交差点での発進、急坂路での斜め駐車など、坂をテーマにしたテストをかなり意識的に選んでやって見た。ここでは駐車ブレーキの性能を格段によくしなくてはならないことを痛感した。ロスアンゼルスとサンフランシスコの往復の仕上げ

のテストで(私は復路だけ参加したが)、その途中の区間で平均95km/hで走り、当時の特急「ふじ」の平均速度を上回っているということで感慨無量だったこともある。

　私達のテストと並行して販売組織の編成の仕事が進んでいた。候補として上がっていたのは、東部地区には輸入業者として三菱商事、ディストリビューターとしてルビー・シボレー社、西部地区には丸紅とウールバートン氏であった。

　この仕事で宇野氏が21日からニューヨークに行くのに私も同行した。

　この旅にもちょっとしたハプニングがあった。ロスからニューヨーク行きのノンストップのDC-7は4便あって、第1便だと朝早く起きねばならないので、第2便をとった。時差が3時間あるのですぐに日が暮れるような気がした。

　夕方、ニューヨークに着いて、三菱商事のかたから「ご無事でよかったですね」と挨拶された。言われて、何事かと聞いてみると、第1便のDC-7はコロラドの峡谷の上で、基地に帰ろうとして急降下していた空軍機と空中衝突をして、全員死亡したということだった。ちょっとした違いで私達は助かったのだと、思わず溜め息をついた。帰国してから当時の新聞をみると、この事故は世界的にもかなり重大な事故だったことを知った。

　それはさておき、ニューヨークで印象に残ったのは、ルビー氏の商談のてきぱきしたやり方だった。テリトリーの要求、車の仕様の決定、要求する塗色とその台数など短時間のうちに盛りだくさんの命題を処置していくようすは、これがアメリカ人のビジネスかと感心した。

　宇野氏のデトロイトへの所用(日本に来られたドッジ氏に会う用事とかで)に付き合って、デトロイトに行き、その際、クライスラー社を訪問した。少時間であったが、耐久試験の実験室を見たいと希望したところ、気軽に案内してくれた。

　立派な装置を備えていることは当然だが、中にはおもしろい工夫をしている実験方法もあった。その例を一つあげると、繰り返し曲げ耐久試験の一方法である。試験部品の両端に重量のある長い金具を平行に2個固定し

て、U字型の音叉の形に組み上げ、その金具にコイルを、両叉の間に電気接点を設けて、全体として電気による自励の音叉にしたものである。この部品を吊して電気を通せば部品は自励の曲げ振動を起こす。多分ストレインゲージか何かで生ずるストレスを測っていたのであろう。その振動数が急激に落ちたところで寿命とみるといっていた。光弾性の実験も、私達は理論が先走って厳密な手法を取りたがったが、そこでは気軽に実物模型をスライスしないままで力をかけ縞模様を見ていた。どこに応力集中があるかをみるには、これでよいではないか、と言っていた。実験の手法は工夫次第だという貴重な教訓を得た。

　ニューヨークの仕事を終えて、サンフランシスコでⓊ試験に合流し、前記のようにテスト車でロスに帰った。

　ロスにはエチルコーポレーションのラボにシャシーダイナモがあるので、そこに車を持ち込んで、気化器の特性を確かめ、実駆動馬力を測定した。ラボの人はカタログ馬力と実駆動馬力の差は米国車よりずっと少なくて良心的だと誉めてくれた。

　Ⓤ試験の最終段階で大きな事故を起こした。三度目の正直で今度は我が身に降りかかった事故である。5月11日は日曜日だったが残り少ない日数なので、いつもと同じようにテストに出掛けた。

　この日はショックアブソーバーの適当なものを選ぶ目的で、ダットサン1台と比較車としてフォルクスワーゲンをレンタルして、3人で出掛けた。ダットサンは私が運転し真木君が右の助手席にいた。フォルクスワーゲンは田辺君が運転した。当時はフリーウェイ(無料金の自動車専用道路)はハリウッドとハーバーとパサディナの3本で一番通行の少ないパサディナフリーウェイに行った。

　その日の朝、珍しく小雨が降った。最初のトンネルを抜けて、少しの下り坂を右側4車線のうち右から2番目を走っていた。ところが、私の前の車が左に車線を変えた。前方には、これも珍しく停車している車が見えたのでブレーキを踏んだ。半分くらい行ったところで、これは距離が足りない

IV. ダットサン1000（210型および220型）

と感じた。日本での速度感覚が違うので停止のための距離の感覚も違っていたのであろう。車線を変えようとしてハンドルを左に切ったが、そのまま真っすぐに走りあれよあれよと思うまに、そのまま前の車に追突した。しまったと思ったときに後ろのフォルクスワーゲンがひどく衝突し、その後ろにイェローキャブ（タクシー）が衝突した。

　私の車はその衝撃で左の車線に飛び出した。多分前輪は左向きのままで止まっていたからであろう。そこにキューと大きなブレーキ音を立てながらキャデラックが左側面に衝突し、私の車はさらに一番左の車線に飛び出てその先の塀にぶつかって止まった。

　それからしばらく急ブレーキの音が続いたが、その音が少し遠のいたので、これ以上ぶっつけられることは無いとホッとした。四車線とも止まったが、すぐにハイウェイパトロールがサイレンを鳴らしながらやって来た。日本と違って事故の調査を始めるのではなく、まず通行の再開をすることが第一の仕事のようであった。

　動転して英語のしゃべれなくなっている私に代わって、助手席にいた真木君がテキパキ応対してくれた。まずパトロールはエンジンを掛けろと言い、ファンがラジエーターに当たってガサガサ音を立てるのを聞いて、ボンネットを開け、腰からジャックナイフを取り出してファンベルトを切り外し、それを室内に投げいれて、もう一度エンジンを掛けろと言った。

　エンジンはかかったので進みかけたところ、右フェンダーが潰れてタイヤと干渉している。体格の良いこの隊員はフェンダーを両手でぐいと広げて、タイヤがこすれないようにして「次の出口から一般道路に出てそこで待っていろ」と指示し、次の車の処置に移った。

　5台の車のうち私の前の車は後部の比較的軽い損傷、私の運転していたダットサンは前後および左側面の大きい損傷で、左はキャデラックがちょうどセンターピラーにぶつかったので、左運転席の私はあやうく大怪我を免れたという感じだった。後ろのフォルクスワーゲンは前後ともかなり大きい潰れ方で、後置きのエンジンは動かせなかった。その後ろのタクシー

と左のキャデラックは前部の比較的軽微な損傷であった。

　私達だけでは処置できないので、休日で休んでいた若槻氏に電話して、すぐ来ていただき、当座の始末をしてもらった。日本ならばその現場で当事者どうしが、けんけんがくがくの言い合をするところだが、米国では保険会社がほとんど後の始末をするらしく、運転者たちは互いに免許証、住所氏名を書き取っただけで別れていった。

　私達は英語が話せないばかりに、ほとんど口をきかなかったが、あとで保険会社の人に「なにも相手に話さなかったのは大変良かった」と妙なところで褒められた。

　そのときの人身の損傷は、前の車の人はその後、むち打ち症を長期間訴えていたとのこと。私は鼻血程度、真木君は翌朝前歯を2本洗面所に落とし、日本に帰った後ずっと入れ歯に、他の人にはたいした異常は無かったようである。

　さて、その始末についてはいろいろ気になることがあった。まず持っていた免許証は日本の免許証に領事館で書いてもらった証明書をつけたものだったので、これが問題になるかもしれないということ、人身事故と車の損傷の始末がどうなるかということなどだった。

　後のことは御面倒でも丸紅の皆様にお願いするほかなく、私達は実験報告をまとめ、宇野氏が中心になって進めていたウールバートン氏とのディストリビューター契約の仮調印を見届けて、16日にロスアンゼルスを出発して帰国した。

　この時の渡米で一つ有望な市場を確認した。乗用車は競合する車として欧州から多く輸入されているのに反し、小型トラックとしては、ダットサンと競合する車が無い点であった。したがって、ダットサントラックは乗員室を改造して、一般の米国人の乗れる寸法に修正すれば、ユニークな商品になり得るだろうということだった。これは前に岩田報告にもあったが、こちらに来て認識を深めた。ただ日本のような形態の中小商工業者がいないので、その需要の大きさについては判断できなかった。

Ⅳ. ダットサン1000 (210型および220型)

　日本に帰国後、急遽トラックのキャブを75mm延長し、そのぶん荷台をつめて、500ポンド積み（220kg）と1000ポンド積みとを設定し、米国向けのダットサンピックアップとした。500ポンド積みのものは乗用車用タイヤを使用したが、これはほとんど出なかったように記憶する。これを出発点として逐次改良とモデルチェンジを繰り返して、そのうち米国での安定した主力車種となり、かなり長期にわたって日本および米国での第1位の量販商用車の地位を保った。米国内日産車販売網および米国日産の初期の苦しい時代を支えた車だったと思っている。

　ダットサン1000で特筆すべきことは、豪州ラリーに参加したことである。前に少し触れたが、⑪の計画と並行して、その参加の準備がなされた。

　このラリーは当時世界最高最悪のラリーで、豪州一周16,000kmを19日間にわたって走り続けるもので、人の運転技術と体力および車の耐久強度と信頼性を競うものであった。ダットサン1000は頑丈だということを頼りにして、これに参加することになった。

　マネージャーとして業務部の片山豊次長、選手としてサービス部、設計部および吉原工場から三縄、大家、奥山、難波の四氏が選ばれた。下関－吉原間、吉原－青森間それぞれ1000kmを1日で走るなど、本州を6周する訓練や北海道でスピード訓練をするなど、本競技を予想しての猛訓練が行われて準備に備えた。

　2台のダットサンは富士号、桜号と命名され1000ccまでのAクラスにエントリーし、8月20日からのラリーに出場した。9月7日ゴールした時点で出場72台中日産の2台を含め34台が完走し、富士号はAクラス1位、全体で25位となり、桜号もAクラス4位に入賞した。

　このAクラスで優勝したことは、初めての国際レースで日本の車の丈夫さを立証し、その後の進出に大きい役割を果たした。また、日産人の車にたいする自信を深め、自動車事業に明るい希望を見いだしたことに大きい意義があった。

　隊員の帰国後の報告を聞いて、大変気の毒なことをさせたなと思ったこ

とがある。当時メートルねじとインチねじが最も混用されていた過渡期で、整備に際して似た寸法の両種のスパナなどを使い分けねばならず、また現地で緊急に調達した部品がねじの違いで合わないものがあり、ふんづけたいくらい腹立たしかったと言われ、穴があったら入りたい気持ちで、難波君の報告を聞いた。

　乗用車210型(ダットサン1000)は対米輸出とラリーの経験を取り入れた改良をして、昭和33年10月に211型として発表され、国内にも輸出にもその基盤を固めた。さらに、翌年310型ブルーバードの新発売の際に、並行生産車として残され、新たに1.2リッターを搭載したP211型も設定されたが、この時点ではブルーバードの陰にかくれてその任務も終わり、やがて生産は打ち切られた。

　私は15年後メキシコ日産に在職中、二つの販売店で、日本ではほとんど見ることのできないPL211型(左ハンドル)が入念に整備され磨き上げられて、ショールームに飾られているのに対面し、大変感激したことがある。

・210型乗用車の主要諸元：全長3,860mm、全幅1,466mm、全高1,535mm、ホイールベース2,220mm、トレッド前1,170mm・後1,180mm、車両重量925kg、エンジンC型直列4気筒73ϕ×59mm、988cc、43馬力、最高速度95km/h、関連車種・ワゴン、アンビュランス。

・２２０型トラックの主要諸元：全長3,742mm、全幅1,466mm、全高1,625mm、ホイールベース、エンジンなど乗用車に同じ、車両重量915kg、積載量850kg、最高速度90km/h、関連車種・バン、ピックアップ。

V. 初代ブルーバード310型

　初代ブルーバードである310型の計画は110型発表の直後に始まる。本格的な乗用車としては、前輪独立懸架であるべきだという考えから、110型をベースにした独立懸架の試作を計画したのは、昭和30年2月であるが、その直後に国民車構想が通産省から打ち出されたので、もっと軽量な車をつくらねばならないだろうという気持ちが強くなった。

　当時、外国製の車として身近に参考にできたのは、国産化された3車（オースチン、ヒルマンミンクス、ルノー4CV）と手持ちのフォルクスワーゲンおよびモリスマイナーであった。このうちオースチンとヒルマンは、私達の考える車より一つグレードが上と思われたし、ルノーはあまりにきゃしゃ過ぎるように思えた。結局、車の性格としては少し違うが、モリスマイナーとフォルクスワーゲンを横目で睨みながら将来車を考えた。

　いずれにせよ、私達には軽量化する技術の蓄積がそれほどある訳ではないが、といってそっくりまねをするのも何か気が引けるので、ある程度オリジナリティーのある車をつくって、勉強してみることにした。その一つのやり方は、思い切って小型軽量のユニットを使って車をつくり、テストの結果で必要なところを補強するという考え方である。逆の行き方としては、たとえば110型をベースにして、強すぎると思われるところを設計し直して軽くするという方法もあるが、それではとても太刀打ちできる軽さにはできそうもないと思った。

そういう構想のなかでも一応オーソドックスでやや万能な用途の車と、思い切ってプライベート用に徹した軽量乗用車の二通りの考え方があり、飯島取締役は双方とも取り上げて計画することを決心された。前者は安全をみてFR（フロントエンジン・リヤドライブ）車に、後者は思い切ってRR（リヤエンジン・リヤドライブ）車で計画して設計、試作をするように指示された。昭和30年11月に設計部内で試作番号としてA48X（FR）とA49X（RR）がとられ、飯島取締役よりA49Xは藤田氏（大中型車担当であったが特命として）が、A48Xは私が担当するように命ぜられた。以後、私の担当したA48Xを主体にして述べて行く。

　A48Xとしては、初めからはっきりした目標性能を決めてスタートしたわけではなく、一応欧州の車に伍して走りまわれるとともに、日本の悪路でも何とか使用できるようにという漠然とした希望を託して計画のスタートをした。軽量化を狙ったので安易に110型のユニットを流用することは避けて、ほとんどのユニットは新たに計画をした。乗車定員は4名、車両重量は750kg以内、最高速度は100km/h以上を一応の目標とした。

　エンジンとしては900ccで充分のはずとして、その計画が進められたが、前述のようにストーン氏の進言により988ccのストーンエンジンが具体化したので、これを使用することにした。

　これは当初想定したものよりやや寸法が大きくて重量も重いので、まず目標が少しくずれた。変速機は前進3段で2、3速シンクロメッシュの思い切って軽量小型のものを計画した。プロペラシャフトはかなり意欲的なものを考え、振動やがら音を防止するために、前端はゴムジョイントにし、またプロペラシャフト本体は危険回転数とトルクに見合うだけのできるだけ薄肉のパイプを使うことにした。多分1mm厚さだったと思う（私のノートに1mm厚の計算が残っているので）。終減速装置および後車軸も思い切ってきゃしゃなものを設計した。ステアリングギヤには機敏な動作ができるギヤ比の小さいものを希望したので、担当者はカム＆レバー式のものを設計してくれた。

V. 初代ブルーバード310型

　いちばん議論になったのはフレームを使用するか、ユニットコンストラクションの車体にするかという問題だった。手本にした車はオースチンを始めフレームのない車であったが、なんとなく日本の悪路では危ない感じがしてフレームを使用できないかと考えた。フレームを使えば、必要な地上高を考慮すると、どうしても車の全高が高くなって、小型としてはスタイルもとりにくくなり、原価もかさむので設計者の間で大議論になった。フレーム設計のグループが剛性は高いが、高さの低い逆ハットセクションの閉断面溶接構造のフレームを提案して来たので、これを使用することにした。

　ここでまた計画の矛盾が出て来た。オースチンではフレームがないので、非常に剛性の高いフロントサスペンションメンバーがあり、それにエンジン、フロントサスペンション、ステアリングギヤ等を取付け、それを車体の下部から装着する構造であった。A48X車もフレームはあるが、同様の取付け方法を取りたいという工場からの希望である。完全に二重構造になるので、誠に気が進まないが、自信のもてる代案もないので、これを使うことにした。

　普通ならばステアリングボックスはフレームに装着するものであるが、前輪を支持するサスペンション機構がサスペンションメンバーに取付けてあるので、ステアリングボックスがフレームにあると、その間の相対的な剛性の不足で、ステアリングのふにゃふにゃ感が生ずる恐れがあると考

ブルーバード310型

え、ステアリングギヤボックスもサスペンションメンバーに取付けることにしたかった。

この車の特別の事情として考慮する必要があったのは、この車のレイアウトをしたときに、車輪へのステアリングサイドロッドはステアリングギヤボックスの後側に、左右を連結するクロスロッドはギヤボックスの前側に配置せざるを得なかったため、ボックスの取付け部の変位は拡大されて左右の車輪の向きの誤差となる点である。そういう欠点をもったまま、左右両車輪の向きを規制する機構がサスペンションメンバーとフレームにまたがっていては、とても操縦安定性確保は難しいと考えたからである。

結果的には、高速安定性の良い車に仕上がった一つの要因は、サスペンション系とステアリング系を一つの剛性の高いメンバーの上に組み上げたことにあると自負していた。

しかし、その後テストで発見される不具合の対策に苦労された設計担当者の話を綜合すると、タイロッドがステアリングギヤの前に、クロスロッドが後ろにあるこの配置は剛性問題と同じ理由で、強度問題にも非常に負担がかかっていたのである。一直線上に配置された場合はタイヤからのショックは反対側のタイヤに及ぶだけで、ステアリングギヤには軽いショックだけであるが、この車の配置ではステアリングギヤおよびアイドラーに2倍ちかく拡大された力がかかり、その支持部を非常に丈夫にしない限り破損するのである。担当者はテスト車の破損対策のためにステアリングギヤボックスとアイドラーの取付け部をがんじがらめに補強せざるを得ないはめに陥り、何とか生産開始に間に合うように応急対策を続けた。この補強が結果的にこの機構全体の剛性を高め、高速安定性を良くした主因ではないかと思うようになり、私の不明に恥じ入った次第である。

次々にできる試作車を使って、昭和32年初頭から性能強度耐久の諸実験が始まり、多くの不具合を修正したり設計しなおしたりして徐々に実用に耐えるように改良されていった。ここで恥さらしになるかもしれないが、その間の失敗や改造を思い出すままに、書き留めておく。

V.初代ブルーバード310型

　プロペラシャフトは前述のようにゴムカップリングと薄肉の試みをした。まず薄肉のプロペラシャフトは社内や市街地のテストでは問題は無かったが、通産省機械試験所の村山のテストコースで動力性能テストを始めたところ、発進加速で車が動かなくなってしまった。

　急いで調べてみると、プロペラシャフトの後部は手拭を絞ったように細く捩られていた。つまり、捩りによる座屈にたいする強度が不足していたわけである。当時の機械工学便覧には捩りによるパイプの座屈については記述は無かった。その後、外国の文献でパイプの捩り座屈の実験式を探し出して計算してみたところでは、1mm厚で安全率は3以上あったが、急発進などの衝撃荷重にはもたなかったのであろうと解釈し、普通のパイプの肉厚1.6mmに設計しなおした。ゴムカップリングはゴムだけでは精密なセンタリングを保てないので、孔とピボットのはめあいによるセンタリング構造にしていたが、その部分の耐摩耗性が確保できず、耐久試験によってだんだんピボット部のがたが大きくなるにしたがって、プロペラシャフトのセンタリングが崩れ、大きい振動を生ずるようになった。いろいろ手を尽くしてみた

ブルーバード310型のフロント
サスペンションおよびフレーム形状

が、採用できるめどが立たないので、最終段階で共同開発にあたっていたゴム製造会社(住友電工)に了解してもらったうえ、不採用とした。

　変速機は小型につくったうえ、欲張ってリヤエクステンションをかなり長くした。これはプロペラシャフトの径をあまり大きくしないで危険回転数を上げるために、プロペラシャフトを短くする狙いだった。結果的には、これは失敗だった。

　上記のゴムカップリングとは別に高速回転の振動がひどく、ダットサン1000の家鳴り振動と同様の問題が起きた。例によって、ストロボでその振動現象を目視してみると次の現象が見られた。振動の形はエンジンと変速機のつながり場所を腹とするエンジンと変速機全体の「く」の字形の曲げ振動である。後ろから見ると変速機のエクステンションの後端は円運動でなく「へ」の字形の軌跡を画く。剛体と思われていたシリンダーブロックも、側壁にふくらみを感ずる振動をしており、オイルパンの締め付けボルト部では横ずれする動きがある。つまり、ブロックの下面開口部の形が変形していることがわかる。シリンダーブロックと変速機のクラッチハウジング部の間にある4.5mm厚の鋼板はかなりの変形をしており、曲げ振動の大きい要因となっていると思われる。

　アルミ製のギヤボックスはシリンダーブロック以上に大きい変形をしており、マッチ箱の中箱をひねるような感じの変形であった。ギヤボックス上面開口部の鋼板のカバーの取付けボルトは変形防止には無力であることもわかった。

　大変重症なので全体の剛性を上げるために、思い切った設計変更をした。主要点は次のとおり。エンジンリヤカバーを4.5mmから6mmに厚さを増す。ギヤボックスを総体的に肉厚としクラッチハウジング部には補強のリブをつける。ギヤボックスのカバーは厚肉の鋳造品として取付けボルトを強力にする。剛性の高くないリヤエクステンションは短くしてその分プロペラシャフトを長くする(もちろん太くする必要があった)。その後、細かい修正はあったが、これで問題になる駆動系の振動の共振点を、実用範

V. 初代ブルーバード310型

囲より上の高速側に追いやった。

次にシミー対策が必要だった。210系のようにリジッドアクスルの前車軸では低速型のシミー（車輪の左右の振れ振動）が経験されていたが、独立懸架のこの形では、もっと高速で振動数の高いシミーが出てその解決に頭をしぼった。まだ私達は当時シミーの解析をする能力は充分でなかったが、車輪の慣性モーメント、リンク系の剛性、ステアリングギヤ比、ステアリングハンドルの慣性モーメントが関係することは理解できた。

しかし、どうすれば解決するのか、実験上ではなかなか解決法が見付からなかった。タイヤの接地パターンはかなり影響があり、幅広の矩形のパターンは有効であることはわかったが、世界中のタイヤに期待することは不可能であった。結局、効果があると思われる各部分の対策を取るとともに、機械的な摩擦ダンパーを使用することにして、ステアリングギヤボックスと対象位置にあるステアリングアイドラーシャフトの上端に、4枚の皿ばねワッシャーを封入し、その向きの組み合わせを変えることにより圧力を変えて、適当な摩擦力を出すダンパーの役目をさせることにした。このワッシャーをオプションとして設定し、問題が起きた時にはこれを使用する体勢を取ったが、不思議に市場ではこのシミーの苦情は聞かれなかった。

私達は坂道発進に苦労する。これは現在でも自動変速機でないと同じ苦労がある。当時でも文献には坂道でブレーキペダルからアクセルペダルへ踏み変える間に、車がバックしない装置としてヒルホルダー（Hill Holder）という名前の装置が紹介されていた。この目的に簡単な装置を思い付いたので、使用してみることにした。それはクラッチと変速機との間のシャフト（クラッチギヤ）と変速機のフロントカバーの間に、逆回転防止のワンウェイクラッチを入れる方法である。こうすればクラッチを切ってギヤをいれて、ブレーキを離しても逆行することなく、エンジンから駆動力がかかれば、その方向の回転は自由であるので、発進するという思い付きである。これはバックギヤにいれたときにも有効なはずである。

この考え方は、以前に宮島尚氏と私の連名で特許を取っていた。A48Xの

変速機の計画に際し、ワンウェイクラッチのはいる寸法だけ確保してもらって、これを組み込んでみた。実験の結果、その機能は効果的であったが、重大な欠点があった。それは坂道で停止したときにクラッチをきってもギヤを抜くことができないのである。つまり、車輪をロックする力はギヤを通してワンウェイクラッチが止めているのであるから、ギヤの噛み合い部には非常に大きい力がかかっており、レバーを普通の人力で動かしても、ギヤがはずせないのである。これを解決する簡単な方法は見付からないので、この計画は放棄した。

　マフラーについては当時の便覧などに、前後素通しの内筒に多くの孔をあけ外筒と内筒の間にグラスウールを詰める形式のものは、背圧が小さく吸音特性もかなりよいと述べてあったので、これをやってみることにした。音の性質は他車とかなり異質なものであったが、吸音特性も一応及第点に達しているので手配した。これは市場に出てからわかった失敗である。

　販売されてから3、4ヶ月経ったころから、タクシーの排気音がバリバリと耳障りなものになってきた。他人から言われる前に、計画者には気になるものである。早速タクシーのマフラーを回収してみると、内筒の孔はタール分が固着して塞がれており、マフラーの役目を果たしていない只のパイプにと変化していたのである。

　私たちの経験ではいったん市場で苦情になったものの対策は、通常レベルにまで改善しただけではおさまらず、さらにレベルアップする必要がある。この場合も、その対策として通常の形式のマフラーに変更すると同時に、プリマフラーを2個追加して、当分の間3個のマフラーをつけて走るようになった。

　さて、話を元に戻すことにしよう。
　車体の新造形も決まり、昭和32年11月には生産移行が決定されて310の型式番号が取られて、生産準備が並行して進められることになった。翌年4月前述のように米国でのL210型車のテストで渡米した。試験車としてはダッ

V. 初代ブルーバード310型

トサン1000であったが、私達は310を米国適合車にするには、あと何をすれば良いかということが念頭にあった。ここでの経験であとに最も大きい影響のあったのは(あるいは成果と言った方が良いかもしれないが)動力性能の問題であった。

帰国して、分かりやすく説明するために次のようなシナリオをつくった。「ロスアンゼルス近辺の(米国全体と考えてもよいであろう)自動車専用道路では、かなりの登り勾配でも車の速度が45mile/h以下になると、その車の後に隣のレーンに移れない車がつながってしまう。ロスの中心地区にある有名なダイヤモンド型立体交差では四重の道路交差でその高さは8階建のビルに相当するようだ。それらの登り坂を考えると最少限6％の傾斜を45mile/h以上で走れる性能を確保したい。また、サンフランシスコ市街の急坂を測定してみると、登坂性能として32％登り傾斜でのスタート性能が必要である。現在計画中の310型ではその性能を確保していない。その対策として二つの案が考えられる。第1案は4段変速機を使用することである。そうすれば6％の坂をサードギヤで45mile/hを確保できるし、一速で32％の登坂性能が出せる。第2案としては1,000ccのエンジンの他に1,200ccのエンジンを新設してこれを使用することである。私の意見としては第2案を取りたいと思う。ストーンエンジンはもともと1,500ccのものを1,000ccに改造したのであるから1,200ccをつくることは比較的容易で、原価上昇の負担も軽い。全体としても動力性能が向上して使いよくなるし長距離運転も楽になる。また将来自動変速機を使用するようになったときにも、動力性能の低下をカバーできる。」

この意見書は昭和33年8月6日付であるが、9月26日に310型国内用にオプションとして、また輸出用には35年初めから全部の310型に1,200ccを採用することが決定された。それにともない、現在型210系には独立懸架への変更と組み合わせて採用することが決まった。しかし、その後210系の乗用車は国内用には生産されなくなったので、独立懸架にするチャンスがなかったが、トラック系では昭和35年9月に223型として、トーションバー形式の独

立懸架になると同時に1,200ccが採用された。ダットサントラックの経緯についてはまとめて後述する。

　輸出用には乗用車系の210型にも1,200が採用された。新1.2リッターエンジンは988ccエンジンのストロークを59mmから71mmにすることで、1,189ccとなるので、考え方は簡単だが、予想した以上に関連部品の変更が多かった。エンジン以外にもクラッチ、クラッチハウジング、プロペラシャフト、終減速装置など広範囲にわたったが、翌昭和34年7月の新型車発表までに間に合わせた。

　310型で初めて姓のダットサンのほかに名前が付けられることになり、ブルーバードと命名された。この名前は当時生産されていなかったある自転車の名前として、国内で登録されていて、同じ輸送機器のグループなので、そのまま使用することができず、交渉のうえこの名前を買い取ったそうである。

　ここでブルーバード310型(1.2リッターはP310型)の仕様概要をまとめておく。
・全長3,860mm、全幅1,496mm、全高1,480mm、ホイールベース2,280mm、トレッド前1,209mm・後1,194mm、車両重量860kg、乗車定員4人、最高速度105km/h（1.2リッター車は115km/h）
・エンジン：C型水冷直列4気筒、73φ×59mm、988cc、最高出力34ps（E型73φ×71mm、1,189cc、43ps）　註：翌35年の311型では出力はそれぞれ45psおよび55psに改良された。
・変速機：前進3段、2、3速シンクロメッシュ、ギヤ比3.296、1.718、1.000　後退4.175
・終減速装置：ハイポイドギヤ　ギヤレシオ5.125(4.625)
・懸架装置：前：ウィッシュボーン型独立懸架、コイルスプリング使用
　　　　　　後：リジッドアクスル　平行板ばね使用
・ブレーキ：前輪はユニサーボ、後輪はリーディングトレーリング（前輪のユニサーボは利きの良いことを買って採用したが、欠点もあり、それをカバーするのにかなり苦労した。ライニングの摩擦係数に敏感であること

と、後進にたいしては利きが悪くて、ほとんど後輪に頼らざるを得ないことだった。
・ステアリングギヤ：カム＆レバー式、ギヤ比14.8（211型車はギヤ比19.6であったので、この車は非常にシャープな切れ味に感じとられた）
・フレーム：全長にわたり逆ハット型閉断面の溶接構造、梯子型
・タイヤ：5.60－13－4PR
・回転半径：4.9m
・その他：車室の換気用に当時トヨペットコロナには前窓の下に前方に向けて空気取り入れ口がとってあった。効果的らしいがあまりに前から丸見えなので一工夫したかった。空気の慣性で入らなくても、圧力さえあれば良いのではないかと考えて、走行中の圧力分布を測定してみたところ、この付近はかなり有効な圧力があった。それでこの車にはボンネットの後部の水平面にスリットを設け、そこからカウルを通して空気を室内に導くことにした。この設計は当時としてはかなり斬新で有効なものであった。

　細かいところで造形課の佐藤章蔵大先輩に注文を聞いてもらった。それはボディ下部の部分である。雨の路面で前車輪からの泥はねが車体の裾に斜めにつくのがみっともないので、ボディの下部を丸くおさめないで、車体のシルの一番下の部分を車体の幅の最大幅まで出してもらった。今ではほとんどその必要性はないが、当時の悪路では非常に有効で、次の初代中型乗用車セドリックでも同様の手法が取られた。

　日本のような比較的低速度で運転されるところでは、悪路でのピッチン

ブルーバード310型のリヤビュー

グを少なくするために、シャシー設計グループは前ばねを後ばねに比べて適当に柔らかくすることが効果的であることを思い付き、実施に移した。これはかなり有効で、発売開始時にノーピッチングの車であると宣伝材料に使われた。

　ブルーバードの試作車は日夜性能試験と走行耐久試験に酷使された。当時まだ社内に耐久テストコースを持っていなかったので吉原工場を基地として富士山麓を走り回った。帰るたびに実験室で点検して、逐次設計部に報告し、破損部分は直ちに修理して試験に走りでた。破損の報告の内容について私達は、それが市場でも起こる可能性のある弱点であるか、あるいはこのコースの極端な悪さによって起きたもので、市場では起きることはあるまいと思われるものかに分類して、設計上変更しなくてはならないものは、生産開始の間際まで変更を続けた。
　この車の計画時の方針として、できるだけ小型軽量に設計して実験の結果補強するという考え方であっただけに、普通に設計した車より設計変更の多いことは覚悟をしていたが、生産開始時期が迫ってくると非常に気がせいてきて、この設計方針は間違ったのかもしれないと思ったりした。
　高速での安定性、操縦性や振動騒音のテストのためには車を秘匿してテストをするのに苦労した。余裕馬力が多くある車ではないので、最高速近くにするにはかなり長い直線路が必要なので、当時完成したばかりの国道18号線の戸倉〜長野間の道路を、夜間交通の途絶えたころをみはからって使用させてもらった。
　温泉宿に滞在していたテストのグループは昼間はほとんど外出せず、車は目立たない場所に幌をかぶせて保管し、夜になると活発に動き出して車で出掛けていったので、宿の女中には「あんたたちは泥棒では無さそうだが、何の仕事をしていなさるか」と聞かれたりしたそうだ。
　私も仕上げのころには参加した。高速テストのときには途中1台でも対向車があると目標の速度にならないため、その時はやりなおしの必要があ

り、なかなか能率が上がらなかった。このテストでの最重点目的である高速安定性については、一つの目安であるアメリカ向けダットサン1000に比べて優れているという判定にはなかなか到達しなかった。

　昭和34年4月には発表時期を一応7月下旬と予定された。5月上旬の生産移行のための確認会議で、すべての問題点が討議された。生産準備やコストの問題よりも性能品質の確認に多くの議論が集中した。走行安定性、操縦性、ブレーキの片利き、居住性、乗降性、エンスト、クラッチの滑り、各部分の耐久強度問題、燃費など今まで問題に上げられたすべての項目が討議された。

　総合すると、良い点もはっきりあるが、悪い点が目立つというのが結論に近い表現だった。数日後企画会議が開かれて、この310型車の最終的な取り扱いの討議がなされた。こんなに不具合の多いものを生産に移すことは危ない、という意見が役員のあいだで多く出た。

　私は「今までの日産の新型車の中で、これほど多くのテストをした車はない。だから多くの故障報告が出るのは当然である。逆にそれだけ多くの改善がなされたと理解してもらいたい。私はこの車が今までのどの車よりも、市場に出た後安心できる車であると確信している」と力説した。

　多くの議論が出たが、結論としては「310型車は安心して販売できる状況ではない。だから210型（ダットサン1000）と併行生産することにしよう。310が好評で、もしそのために210が売れ残って、値引き販売をしなければならなくなっても、その損害はたいしたものではない」ということだった。

　私は私の言い分の大部分は通ったと思いほっとしたが、一方2ヶ月後に迫った発表までに、残っている不具合箇所を完成車の手直しを含めて、処置していくのは大変なことになると思った。併行生産と決まったので、310型車は1.2リッターだけでよいという意見もあったが、結局営業部門の意向を取り入れて1.2リッターと1.0リッターの2本だてとなり、型式番号としては、P310型および310型となった。

　その後は、生産担当部署の吉原工場を始め関係部署は7月29日の発表会に

むけて、大変忙しい日程で、その準備に追われることになった。私は昭和33年12月に企画室員のままで部長待遇になっていた。

　310型車は川又社長によってブルーバードと命名され、昭和34年7月29日に高輪プリンスホテルで発表会が開かれた。そこでは予想を上回る好評で、販売店も積極的な活動を開始して、多くの受注残を記録することになった。

　その時点での大きい要望は、車の仕様については変速機の第1速を2、3速と同様にシンクロメッシュにしてもらいたいということと、4人乗りを5人乗りに変更してもらいたいということだった。

　販売に関しては増産の要望に絞られた。生産量については8月の半ばにまず緊急の増産命令が出され、すぐに月産2,000台に、引き続き4,000台の準備をすることになった。吉原工場だけではその後の増産要望に応ずることは困難と予想されたので、今まで大型トラックの生産を担当していた横浜工場でブルーバードを併行生産することになり、翌昭和35年初頭より両工場で生産されることになった。

　ブルーバードの最初の仕様は業界の小型タクシーの規格を考慮して4人定員としたものであるが、車室内の寸法は5人乗車可能のようにとってあった。自動車の保安基準では、シートの幅は1人につき400mm必要とされていたので、意識して後席の幅は1,180mmにして2人乗りにしてあったのである。

　タクシーの規格は各県ごとに異なっているので、車の発表後全国の販売店に調査してもらったところ、5人乗りでは小型タクシーとして認められないところは、意外にも岡山、鳥取の2県のみであることが分かり、至急後席の幅を1,220mmにして3人乗りに改めた。これはシートの柔らかものだけの変更であるので、設計変更としては誠に簡単なものであるが、運輸省に届ける書類作成はかなり手数のかかる仕事だった。車両総重量が変わるので、性能強度などまで新しい計算書が必要だったのである。結局承認されたのは年末近くになったと記憶する。

V.初代ブルーバード310型

　これでダットサンブルーバード310発表に関する仕事は、一段落を終えたことになる。
　その年昭和34年12月に職制の変更があり、私は第二企画室長兼設計部長になった。第二企画室は商品計画を担当する部署で、第一企画室は設備生産関係の計画を担当する部署である。私はダットサンの担当から研究所を除く開発部門の全部の面倒を見ることになった。でも当分はダットサンのことが頭のなかの大部分を占めていた。
　ブルーバードの第1速のシンクロメッシュ化は大きな設計変更であるが、私達としてもエンジンのパワーアップを計画しており、それには変速機の強度不足を感じていたので、それを含めてひとまわり大きい変速機を設計し、その際第1速をシンクロメッシュにした。これは翌35年秋のモデルチェンジとしてエンジンの馬力増大とともに「フルシンクロ」として発表され、大々的に宣伝に使われた。
　ブルーバードの仕事をしているころまでは実車テストとしては鶴見工場の製鋼工場の跡地につくったベルジャンコース(凹凸悪路コース)以外は社外で行うことが多く、時間的にも計器使用の解析にも大変不自由な思いをしていた。しかし設計の成果がだんだん社内で評価されるようになるにしたがい、実験設備などの要望がかなうようになって来た。その結果かねてからの要望であった実験設備を伴った設計の新館建設と高速テストコースの計画が実施されることになった。
　実験設備のなかで特に新しい構想を立てたのは音響実験設備である。基礎を別にして隣接して立てられた二つの建物のうち、設計関係の1号館に無響室を、壁ひとつ隣の実験関係の2号館に残響室をつくり、その間は音の遮断も流通もできるようにした。これはかねてから飯島取締役が将来のためにと騒音研究グループをつくられていたので、その人達の知恵を動員して計画したものだった。このグループのヘッドは中村弘道氏(後の厚木自動車部品社長、自動車技術会会長)で、私は彼らとその理論や必要な設備などを話し合うのを非常な楽しみにしていた。

設計室には全社で初めて冷房設備を取り入れてもらった。これは夏暑い時期に窓を開けて図面を描くのは、図面が飛び散るのと汚れるのに大変苦労するとの訴えを聞き入れてもらったからである。他部門のねたみがあるかと心配したが、設計で冷房が認められると、いずれ自分たちの事務棟にもつけてもらえるとむしろ内々応援してくれた。

　高速テストコースは、追浜の工場建設予定地域を避けた場所に計画することになった。なるべく直線部分を長くし且つ曲線部もなるべく速度を保てるように構想を練った。結局、直線部1020m東側曲線部半径110m、西側55m、曲線部の最大傾斜角34°曲線部の内側のいちばん低い部分の高さは海岸地帯であることを考慮して直線部分と同じにした。傾斜角については前の年に英国の自動車研究所MIRAのプルービンググラウンドを見学した際「解放された路面では傾斜(tan)が2/3以上ではコンクリート打ちが難しい」と聞いた記憶があるので、それを参考にして決めた。具体的な構造計画と建設の折衝は企画室の筧潤君に任せることにした。計算上は中立速度は西側77km/h、東側69km/h最高速度は115km/h、100km/hで少々もの足りなかったが、日本で初めてのテストコースだと評価された。事実、その後の開発作業に非常に役立った。

　そのコースの横に簡単な登坂試験路を設けた。それは$\sin\theta = 0.20$、0.25、0.30、0.35の短い坂道で主に坂道発進のテスト用でサンフランシスコの坂を頭のなかにおいての計画だった。早速四輪駆動の日産パトロールのテストをしてみたところ、発進テストより前に燃料タンクの注入口からガソリンが後ろに流れ出る欠陥を発見した。簡単な設備だったがこれも随分役立った。

　社内の試験設備の充実と併行して、現地での情報収集およびテストを常時行わないといけないなと感じた。というのは、米国への輸出が始まってから高速でうまく走れないとか、振動が多くて困るとか、ブレーキが利かないなどの苦情が非常に多く寄せられるようになり、それらは統一された形でなく、なかには矛盾した意見もあり、現地で見ないと判断に困るものも多くなったからである。

V. 初代ブルーバード310型

　それで米国日産在籍の駐在員とは別に、主任クラスの設計部員を3、4人ずつほぼ半年交替で駐在させることにした。
　これに Ｕカクユーチームという名前をつけた。命題は固定せず、その時点で緊急重大と考えられる項目を自在に取り上げることにした。
　目立ったテストは酷寒、酷暑など日本で経験できない気象条件に対応するものが多かった。また、サービス部門で問題になりそうな不具合は、販売店の報告より先に設計者としてのカンで、素早く取り上げることもあった。
　この成果はもちろん会社としても多大であったが、メンバー個人の知識修得にも大きい利得があったようである。十年あまり後、米国内の欧州自動車会社の販売店を訪問したときに「本国の会社にいろいろ改良希望を出しても、なかなか取り上げてくれないが、日本の車はどんどん良くなって行くのでうらやましい」と聞かされた時、私たちのこれらの努力がいくらかでも、効果を結んでいるのかもしれないなと思った。
　ブルーバードはその後昭和35年3月にエステートワゴン1200WP（L）310型の輸出を開始し、引き続き7月に国内にも発表した。さらに、昭和35年10月3日にエンジンのパワーアップとフルシンクロメッシュの変速機採用（既述）を主項目とする311型を発表し、昭和36年8月には312型として、後面の変更を主なテーマとしたマイナーチェンジを行った。このときに柿の種と言われていたテールランプが、縦長の大型なもの（とっくり）に変わった。

ブルーバードエステートワゴン（1962年）

VI. ブルーバード410型開発の頃

　生産性本部の提唱で、自動車会社の設計グループが、昭和35年6月頃欧州の自動車会社および関連部品会社を視察してくる計画ができた。前年の秋からその準備を始めて、7社から1名ずつ参加することになった。当時はまだ日本の自動車工業が世界的に力をつけるだろうという認識は、当方にも先方にもなかったが、それでも欧州の自動車会社では、この受け入れに難色を示すことが多いだろうと思われたので、調査団の名称としてなるべく刺激を少なくするように「自動車研究管理調査団」とし、技術的内容には深入りするものではないというニューアンスをもたせた。
　いすゞ自動車(株)の大友甚蔵研究部企画室長が団長に、日産自動車からは私がメンバーとなり、各社とも設計部門のベテランがそろい、調査内容も皆の知恵を集めて、かなり技術的内容の濃いものを質問票の形にととのえた。ただし質問だけではおそらくまともな返事は得られないだろうと考え、「日本の場合はこういう考え方でやっているが」と適当に先方の参考になることをまじえて、返事を引き出しやすい工夫をした。
　その準備のため、お互いに会社を訪問し、また参考資料を出しあってその中から、先方に渡してもよい論文その他の文献などを整えた。私個人としてはこの調査旅行は、その準備のための勉強などを含め、その後の設計活動に役に立つ実りの多い行事であった。
　このときに訪問したのは、自動車会社としては「伊」アルファロメオ、ピ

VI. ブルーバード410型開発の頃

ニンファリーナ、フィアット、「仏」ルノー(ビアンクール工場)、シムカ(ポアシー工場)、「英」フォード、ルーツモーター、オースチン、「スイス」ザウラー、「西独」ダイムラーベンツ(スツットガルト工場、ジンデルフィンゲン工場)、ボルグワード、ゴリアート、「スウェーデン」ボルボなどで一部の会社は訪問できなかったところもあった。特にフォルクスワーゲンを見学できなかったのは残念であった。

関連部品会社、大学、研究所その他では「伊」モンツァ競技場、「仏」UTAC研究所およびテストコース、「英」MIRA自動車研究所およびプルービンググラウンド、オートモティブプロダクト(リーミントン工場)、「西独」ZF(ツァンラードファブリーク)、ロバートボッシュ(フォイエルバッハ工場)、バッテレ研究所、ガスナー研究所、ダルムシュタット工業大学研究所、ミュンヘン工業大学研究所、カールシェンク、「スイス」ソシエテゼネボアーズ(SIP)、イタリア、フランス、イギリス、ドイツ各国の生産性本部などである。

この調査団の報告は日本生産性本部から有料の報告書として発行されており、私自身にとってこの報告書は、その後長い間重要な参考資料となった。それとは別に私の印象に残ったことを少し取り上げてみたい。

英国フォードを訪れたときに正門の前の広い駐車場に、従業員の乗って来た乗用車が数百台駐車している光景をみて度肝を抜かれた。当時の私たちは設計部の部課長であっても、自家用車を持っている者はほとんどなく、時々試作車や試験車に乗ってみる程度であったのに比べて、これほど多くの従業員が自分の足として自動車を使い慣れているのだから、その体験を生かせる自動車の設計は、当然私たちより高度の知識をつぎ込めるし、程度の高いチェックもできるであろうと思い、自動車を自分で使用しない私たちが、彼らに匹敵する車の設計ができるはずがないと、非常に悲観的な感想をもった。

これは2年前にダットサン1000を米国で販売できないかという、実地テストのために渡米した際に、何百万台という乗用車が走り回って経験を積んでいる米国に、たった2台の試験車を持ち込んでも、試験量としてまったく

桁違いであると、ひどく悲観的な印象をもったのと同じ感覚で、私としては二度目のショックだった。

　4日後にオースチン社を訪問したときにショールームで展示車の説明をしてくれた広報担当のチーフが、オースチンミニ（後のローバー、BMWミニ）について次のような話をしたのが私に一生忘れられない印象を与えた。「昨年発売されたこの車はエンジンを横向きにしてフロントドライブにした画期的な小型車で、外形の寸法は小さくてもジャガーに匹敵するほどの室内容量をもっている。この車は営業部門の要望にそって計画されたものではなく、チーフデザイナーのイシゴニス氏の叡知により将来の自動車はどうあるべきかという構想から生まれたものである」と。

　当時、日産自動車では品質管理のデミング賞の審査を受けているときであり、私はこの旅行の1ヶ月前に商品企画担当者として、開発手順を審査員に説明したばかりであった（このデミング賞受賞は私の欧州への出発直後に決まった）。

　QCでの企画としてはプラン、ドゥー、チェック、アクションのサイクルが基本とされていた。今回の話は私が審査のときに説明した手法とは当然異なった概念であり、非常に強烈な印象を受けた。この車は1959年に発表され、現在（1996年）もほとんど基本的な構造に変化のないまま、生産を続けられている非常に寿命の長い車である。生産寿命の長い車は、名車と言われるにふさわしい有力な条件であると私は常々思っている。VWのかぶと虫やこのオースチンミニなどはそういう意味でも名車にふさわしい車と思う。日本で言えばスバル360などが上げられるだろう。

　この調査団の時期は、日本の自動車工業はまだ世界で問題にされなかった時代であったが、やはりかなり警戒の目で見られていたようで、訪問受け入れを希望した会社のうち見学のできなかったところもあった。そうじて研究所や部品製造会社は受け入れや応対がよかった。

　そのなかで最も懇切に応対してもらったのは、スウェーデンのボルボ社であった。これは自動車の理論学者として世界的に人脈をもっておられた

VI. ブルーバード410型開発の頃

日産の前田利一取締役にお願いした紹介の結果だと思う。団体の公式の連絡より、知人としての連絡のほうが、特に欧州では信用され重んじられる風習であると感じた。ここではちょうど2週間の夏期休暇に入ったばかりの月曜日であったが、開発担当の副社長Mr.Tord Lidmalmが特に出社されて、私たちに応対され、準備していた質問にも懇切に回答され、また設計室や実験室を案内されこまかく説明を受けた。

大きい収穫のあった調査団の話はこれにとどめて、話を日産の車の計画に関することに戻そう。ブルーバード310型のモデルチェンジの構想を考える時期に来ていた。将来自家用車が多くなることは予想されたが、営業車はやはり大きい比率であるし、その評判が自家用車の需要に大きく影響するので車両寸法は従来通りタクシー業界の小型車の規格にしたがい、全長4,000mm、全幅1,500mm以内に収めることにした。

310型では先に述べたようにいろいろの考慮のすえフレームを採用したが、世界的に見てこのクラスの車にフレームを使用している車はない。強度的に充分ならば、フレームレスのユニットボディでつくるほうが当然軽くなるし有効なスペースも多くなる。それで、次の車はフレームレスにすることで異議はなかった。

そうなると、基本的な新構造は他に多くはないので、車体の新設計が主体となり、命題はスタイルになる。

ブルーバード410型

スタイルについては、かねてから自動車の後進国としての日本では、外国に学ぶべきことが多いので、イタリアのカロチェリアなどに人を派遣してはどうかとか、スタイルのデザインを依頼してみてはどうかなどの議論があったようである。このころになると具体的な調査も行われ、さらに進んでデザインを欧州に依頼する方向で折衝がされていたようである。結局、スタイルのデザインをイタリアに注文することになり、設計部門としてもこの考え方でスケジュールをつめることになった。我々の能力がまだ認められないことを残念に思いながら。

　依頼したデザインが完成する前の欧州のモーターショーで、依頼先のデザイナーは自分の進めている作品に、オリジナリティーがあると確認のうえ仕事を進めていたが、完成直前の昭和36年の春にフィアット1500が新車として発表された。この車は先のモーターショーでは発表の気配のなかったもので、デザイナーとしては虚をつかれた感じであったようで、このスタイルが進行中のデザインに非常に似ていることが、偶然ではあるが不運であった。

　欧州では、デザイナーとしては、自分の作品が他のものに似ていると言われることが最大の恥と考えられていることから、急遽デザインを変更することになった。変更するといってもまったくの新デザインにするのではなく、進行中の作品をベースにして大幅な変更を行い、似ている印象をなくするものであった。

　ちょうどそのころ、デトロイトのクリエイティブインダストリー社でクレーモデルから直接マスターモデルをつくり、それをさらに複製してプレスダイ型彫り用のマスターパターンをつくる手法を実用化しているとの報告があり、その社長のテリー氏と打ち合わせを重ねて、このモデルから適用してみることになった。

　この手法で開発期間を大幅に短縮できる希望がもてたので、イタリアでのモデル変更のおくれを取り戻すべく、設計部と工機部門が共同でこの手法の取り入れに取り組んだ。このグループはテリー社長の名をとってⓉグ

ループと言われた。

　この新ブルーバードは、基本的には車体とフレーム関係以外は大きな変更はない予定であったが、作業中にその時までの技術革新の成果を取り入れたい項目が多くなり、細部にわたってかなり多くの改良が取り入れられた。

　たとえば1,000ccのエンジンはオースチン系Bシリーズのエンジンと設備を共用したことに関係して、コンロッドメタルの中心とピストンの中心とは前後方向に少しのずれがあった。この影響でコンロッドメタルの当たりが片寄り、エンジンの出力の増加につれてメタルが苦しくなった。実験の結果、メタルの面積を少し減らしてもオフセットのない方がメタルによい効果があることがわかったので、ほぼ同じ時期にメタルオフセットのないものに設計変更された。この変更は、クランクシャフトやコンロッドなどのエンジンの主要部品の互換性のなくなる、かなり大きい設計変更であった。

　この車でのちょっとしたうまい工夫をエピソード的に書いておく。この車のワイパーは俗に拝みワイパーといわれたもので、二つのワイパーが左右対称に配置され、ブレードの閉じているときは中央で重なっていて、開くときは同時に左右に広がるものであった。ワイパーの拭かないガラスの部分を少なくするために中央ではかなりオーバーラップしていた。

　普通に設計すると、中央で左右ワイパーが干渉することになるので一工夫がいる。開き始めも開き切ったときも左右同時期であるが、途中では一方が少し遅れて動き干渉しなくする工夫である。左右のワイパーを連絡するリンクを両軸間隔よりわずかではあるが、適当に短くすることにより解

ブルーバード410型
のモノコックボディ

決した。もちろん、ワイパーの動きにがたがあると、この工夫も役に立たなくなるが、ダットサン112型のところで述べたようにワイパーのがたを、剛性を上げることにより解決していたことが役に立った。
　トヨタのコロナも偶然かも知れないが左右対称型のワイパーを採用されたが、恐らく同じように中央での干渉防止のため工夫されたと思われる。作動開始のときは一方のワイパーから動き始め、交互に中央にくるようにされていて、終わるときは最初に動いたワイパーが最後に中央に納まるようになっていた。どういう構造にされていたかは知らないが、私たちのものより複雑な機構が使われていたことは間違いない。同じ機能ならば単純化された構造は技術の勝利であると思っている私は、このときはしてやったりとほくそえんだ。
　この車は、410型ブルーバードとして昭和38年9月に発売された。410型は内容的には欠点の少ない車であったが、スタイルが欧州風であるのが国内で大衆の好みに合ったと言えず、予想したほどの売れ行きにならなかった。イタリアでのデザインの修正がよくない方向に影響したと思い、もっと時間をかけても私たちの気に入るようにやりなおしてもらうべきであったと後で臍をかんだ。
　しかし、輸出市場では好評で、特にアメリカ向けではフェアレディ（240Zより前のオープンタイプのダットサンスポーツ）を含めてダットサン乗用車は昭和41年10月には、VWについで輸入車登録第2位を占めるに至った。したがって、生産も好調でブルーバードは昭和41年には月間約12,000台の生産が続き、11月にはブルーバード生産累計50万台が達成された。

　昭和35年にはダットサン以外の企画も見ることになったので、他の車にも少し触れておく。
　この時代の日産自動車のもう一つの乗用車初代セドリックは、それまで技術提携して国産化されていたオースチンケンブリッジに交替して昭和35年3月に発表され、中型乗用車としての地位をかためてきた。この車のチー

VI. ブルーバード410型開発の頃

フデザイナーは後に取締役研究所長になられた藤田昌一郎氏であった。

この車のモデルチェンジを計画するにあたり、ブルーバードと同様に欧州のデザイナーに依頼する話がすすめられ、昭和37年にその話は具体化した。本社の設計部門、特に造形課のグループは自分たちの技量がブルーバードの時に引き続き、またもまったく認められないことにおおいに不満であり、少なくとも自分たちのスタイルを並行して進めることを認めてもらいたいと希望した。

この願いはある程度かなえられて、並行して社内デザインも進める内諾を得た。造形課のグループは、この成果が自分たちの腕が認められるかどうかの分岐点になるかもしれないという思いがあり、何としてもよい評価を得たいと懸命であった。当時、私は第二企画室長（商品企画業務担当）で造形課もこのなかに所属していたので、私も同様によい評価が得られるように気を使った。

翌年秋ごろに、外部依頼のモデルが送られて来たので、それを設計のデザイン室に展示し、そこに会社の首脳部が集って審議することになった。非公式であったが、社内デザインのモデルも審査を受けられるように、同じ部屋に幌をかぶせて準備しておいた。届けられたモデルは左右両側のデザインは少し変えてあり、片方はややデラックス調にしてあった。どちらを採用してもよく、あるいは両方の一部を組み合わせることも可能であるようになっていたので、そのデザインの採用方法についても審議された。

その結論が出る前に、社内デザインのモデルも見てもらうことになった。同じセドリック用につくったものであるから大きさはまったく同じで小型車規格一杯の寸法であった。審査の皆さんのご覧になった印象では社内デザインもなかなかによい出来で、社内のデザイナーもよい腕をもって来たと予想以上の評価を得た。ところで、モデルの候補が多くなったので決定には少し時間がかかったが、次のような結論になった。

セドリック用には依頼したモデルの両側のデザインを組み合わせたものを採用し、社内デザインのモデルは、幅も少し大きくすることを予定して

いたセドリックスペシャルを新型車として独立させ、そのスタイルとして採用することに決定した。

当時のセドリックスペシャルは、セドリックの4気筒エンジンを6気筒2,825ccとし、そのぶんホイールベースおよび全長を長くしたセドリック系の高級車で、型式は50型、大型車の3ナンバーとして昭和38年2月から発売されていたものである。

今度新しく出て来た構想はスペシャルより一段格の上がったもので、その新大型車にどういう性格をもたせるか、寸法、性能はどうするか、中型車用にデザインしたモデルを、大きい寸法の車に適応させることができるか、などを至急検討する必要があった。

新大型乗用車の企画の検討は大変大規模な作業のはずであったが、スペシャルのためにV8エンジンの開発もスタートしており、そのほかにも内々いろいろの構想を暖めていたグループもいて、びっくりするくらいの短期間に大体の考え方はまとまった。

また、中型車として企画したモデルを拡大して適用するについてもおもしろい経験をした。長さ、幅、高さを予定して、そこまでモデルの寸法を比例して広げると、わずかな拡大率なのに間抜けした印象になる。それで彫りの深さをかなり強くすることにより、もとのモデルの印象に近いものにすることに成功した。新大型車の性格としては日本を代表する大型高級乗用車として、まとめ上げたいという大それた願望を立て、エンジンはV8の4リッターとすることを始め、自動変速機やパワーステアリングの採用、車内装備装置の自動化などに取り組むことになった。

高級車としてのイメージの勉強のため、フォードのリンカーン車を選んで参考にさせてもらった。この車の開発には多くの技術者の夢を取り入れようと、収拾のつかないくらい多くの項目が名乗りを上げた。私も小さな夢の注文をつけた。導電体のガラスをリアウインドウに使用して電熱で温度を上げ曇り止めに使いたいということであった。以前に導電性のガラスが関西の大学で発明されたという新聞記事を読んだ記憶があるから、それ

を応用できるのではないかと考えたのである。早速研究所で手をつけてくれたが、導電性のガラスの使用は可能性がないが、その代わりに次のような案があると言ってきた。その一案は合わせガラスの間に金の薄膜を挟むというものだった。

　ガラス会社の人と相談したがやはり可能性がなかった。しかし、彼らとの相談の内から合わせガラスの中間膜の間に目立たないくらいの波形の細線を並べて通電すれば、この目的に合いそうだという結論になった。このリアウインドウガラスは最初から採用できるように間に合った。新型車の展示場で見物人に目を近づけてもらって、「このガラスにはこんな細線がはいっているのですよ」と誇らしげに説明したものだった。

　数年後には電熱線テープをリアウインドウに張ることが始まり、急速に一般化した。私はできるだけ目立たないようにつくることを条件にしたが、その発想は間違っていたと後になって気が付いた。大衆はこのような新装置は人目につく方を好むという心理に気がつかなかったのである。

　このほか、多くの新装置が取り込まれたが、少し欲張りすぎて実用テストの不足のものもあり、後でその修正に苦労したものもかなりあった。

　この車は、昭和40年10月にプレジデント150型車として、新セドリック130型と同時に発表されたものである。150型には装備の内容によりABCDの4タイプがあり、AおよびBは直6の3リッター、CおよびDはV8の4リッターとし、Dタイプにはパワーシート、パワーウインドウなどオプションの新装置がまとめて装着されていた。

Ⅶ. ブルーバード510型とローレル

　昭和30年代初期のダットサン1000とオースチンケンブリッジ時代に引き続き、34年7月に初代ブルーバード310型、35年3月にセドリックが生まれ一つの新しい時代となった。しばらくたって落ち着いてくると、この2車種の中間の車が必要になるのではないか、あるいは純自家用車としては別の車が必要ではないかとの考え方が生まれ、36年に⊕という符号で企画に顔を出すようになった。一応生産開始は昭和41～42年を想定していた。

　性格付けをする必要があり、私は「中会社の役員や大会社の部長クラスの人が自分で運転してレストランに乗り付けるにふさわしい車」と表現した。この頃にはBMWをはじめ欧州の評判のよい車の情報はかなり入って来ていたので、それらに劣らない車にしたいと企画した。営業用に使用できるという考え方はいっさい入れなかった。

　具体的な重点要望項目として、まず走行性能としては、特に安定性と乗り心地のよいこと、安全性としては、少なくとも米国の自動車安全スタンダードを満足すること、居住性のよいこと(5人ゆったり)、リヤトランクの大きいことなどを取り上げた。リヤトランクのことを特に取り上げたのは、以前に米国および欧州に行った時に、飛行場でみる現地の車は家族で旅行する際、十分な荷物を収容できるように、リヤトランクの大きいことが特に印象に残ったことが関係している。

　⊕の大きさはブルーバードとセドリックの中間を取って、全長は

4,300mm、全幅は1,600mmを想定した。この車は正式の開発命令がでているものでなく、販売時期も決められているものでないので、やってみたいいろいろの構想を取り入れてみるのに都合のよい車であった。

エンジンとしてはオーバーヘッドカムを希望して、機関設計課に開発を依頼した。オーバーヘッドバルブのH20系のエンジンをベースにしてOHCに改造するのが一つの案で、かりにU18として開発してもらうことにした。

フロントサスペンションとしては、当時欧州フォードで使用されていたマックファーソン式のものが、構造が簡単で特性もよさそうなので計画に取り入れた。しかし、調査してみるとGMの特許がまだ数年残っていることがわかったが、フォードがGMに特許料を払っているかどうかはわからなかった。一応開発は進めることにした。

ステアリングは、この車のレイアウトに適当なラックアンドピニオン式を選定した。この形式は構造簡単で寸法容積が小さく、したがって軽量にできるが、キックバックが強い欠点があるといわれていた。しかし何とか対策できるであろうと採用してみることにした。

リヤアクスルとリヤサスペンションの計画は、最も重要な要点である。大きいトランクルームの構想にも大いに関係がある。後部のレイアウトに関係する4つの装置、すなわちデフ、スペアタイヤ、マフラーおよびガソリンタンクをうまく処理しないとトランクが広くとれない。デフを固定すれば、この4装置を全部床下の一平面に配置することが可能になる。ガソリンタンクはやや異形となるが。後車軸を独立懸架にすれば、もちろん走行安定性の面からも大変望ましい性能を引き出し得る。独立懸架の方式としてはセミトレーリング式を選んだ。

リヤアクスルはデフ固定であるので、左右の駆動軸は伸縮する必要がある。普通のスプラインでは大きいトルクがかかっているので滑りにくく、そのために走行中にごつごつしたショックがくる。対策として、フランスのナデラ社のブシャールジョイントを計画してみたが、耐久性に自信が得られず、ちょうど昭和40年4月に合併の調印がされたプリンス自動車のスカイラ

インのドデオン式リヤアクスルに使用しているボールスプラインを採用することになった。重量と原価の上で少し難点があったが、信頼性を買った。

　自動変速機は自前のものを使用できるめどがついていた。これらを組み合わせてセダンをつくれば、OHCエンジン、自動変速機、ラックアンドピニオンのステアリング、四輪独立懸架と一流の要素を備えることになり、あとは使用者が誇れるような性能と優雅さをどう備えるかが設計者の腕となる。私としては走りの性能、特に機敏さを期待した。

　一方、ブルーバードは昭和38年に410型にモデルチェンジしたが、その前から次の車はどうするかの企画を練っていた。㊥を先行して企画していたので、その長所はどんどんこれに採用することとした。この車の秘匿記号は㋒である。㋒に新しい進歩した装置を使ってよい機能を持たせようとすると410型の寸法におさまらなくなり、㊥に近くなる。それをどこまで抑えられるかが大きい検討課題になった。

　全幅を決めるには、エンジンルーム内におさめる装置に左右される。右ハンドル左ハンドル、ステアリングおよびペダルの右左、オプションとしてのブレーキマスターバックの有無、変速機の種類(当時はハンドルにつけるリモコン式チェンジレバーが多かった)、ルームクーラーの有無、水冷式のオイルクーラー(トルコン用)の有無、米国の排気規制対策用のエアーポンプ(排気マニフォールドに空気を吹き込んで残留しているCO、HCを再燃焼させるため)、LPG車などの代表的な組み合わせの100種以上について必要なエンジンルーム内の幅をチェックしてもらった。

　その結果、すべてを満足するには1,580mm以上が必要だが、そのうち数種類の組み合わせを除けば1,540mmでまかなえることがわかった。その大きい寸法になる組み合わせを割愛することを決心し、もし将来苦情がくれば私が謝ることとして幅を決めた。ちょっと余裕を見て㋒は1,560mmの幅となった。長さは410型より120mm長くして客室とトランクルームの余裕に引き当てて、4,120mmとした。

リヤトランクのレイアウトは⊕と同じ考え方を取ってみたが、車の寸法が少し小さいためガソリンタンクの容量がとりにくいことと、おもな輸出先の安全基準を考慮して、床下に置かず後席の後ろに置くことにした。これが⊕と異なり、その分リヤトランクは狭くなった。しかし、これほど厳密に配置計画を検討した車であるので、同寸法の他車に比較して客室および荷物室の有効容積は群を抜いて大きいものであった。

サイドドアには曲面ガラスを使うことにしたが、設計グループからそれに追加して三角窓を廃止することを熱心に提案してきた。サイドビューがすっきりするし運転手の視界もよくなると言う。換気もカウルから十分に行えると説明する。私はガラスをさげると上辺と前側が支えられないので、早くがたがたになる可能性が大きく信頼がもてないと反対した。

結局、私の納得するまでテストをするからと言うので、それを第一案とし、念のため三角窓ありのものも試作しておくことにした。なるべく振動の起きないガラスの保持の仕方、前後のガラスのガイドになるグラスチャンネルやガラスの出入りする部分の振動防止と雨水止めなどをいろいろ工夫することにより、何とか実用になりそうなところまでこぎつけて採用を決心した。

姉の⊕と異なる装置の主なもの：ステアリングは410型車のものを引き継いでリサキュレーティングボール式を採用、エンジンはあらたに開発してもらったOHCのL13とL16、このエンジンは将来の高出力化に備えて5ベア

ブルーバード510型

リングのオーバースクェアエンジンであった。

ⒿはⒽより2年ばかりあとにスタートしたが、Ⓗで意欲的に計画した新しい機能や新装置の成果をどんどん取りいれることができ、結局妹のⒿがさきに発表されることになり、昭和42年8月にブルーバード510型としてデビューした。もし510型が単独にモデルチェンジの計画をされたとすれば、量産の最重点車種で失敗のゆるされないものであるので、これほど革新的な内容を組み込めなかったのではないかと思う。

さらに510型の特質を上げれば、この車は機能優先の配置計画でスタートし、それに合うモデルをつくった車である。まず独立して4種類のフルサイズモデルをつくり、その中から2種類を選び、さらにそれをもとにして4種類のモデルをつくり、その一つを採用した。当時、スタイル優先の論調が多かった時代であるが、この機能優先で計画した車がスタイル面でもかなり好評であったことが、その一つの解答ではなかったかと思う。それでも機能グループがかたくなに自己の主張をしたわけではない。エンジンをどれくらい傾ければ機能とスタイルのバランスがとれるかなど、造形グループと緊密な共同作業を行ったものである。

510型車は基本車種として4ドアデラックスおよびスタンダード、2ドアデラックスおよびスタンダード、1600SSS、ワゴン、バンデラックスおよびスタンダードの8車種とタクシー用2車種、トルコン付き4車種が昭和42年8月9日に同時に発表された。発表会の会場で新聞雑誌の記者の多くがこの新型車を褒めてくれたが、私は「今褒めるのは早すぎる。この車を8年売り続け

 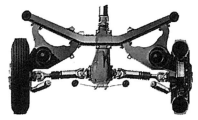

ブルーバード510型の前後サスペンション

Ⅶ. ブルーバード510型とローレル

ることができたら褒めてくれ」と言った。私はそれくらい売り続けられると思っていたが、残念ながら5年半で生産は打ち切られた。

510型ブルーバードは発表以来予想以上に好評で、国内販売では月1万台ベースで、昭和39年に一度抜かれたコロナと抜きつ抜かれつの販売合戦を展開し、輸出も米国市場を中心に著しく伸長した。

発表後、大きな不具合はなかったが、千葉県だけにフロントサスペンションのウレタンブッシュの異常な摩耗が発生して大きい苦情となった。その対策として結局滑り型のブッシュを接着型のゴムブッシュに変更するのに、かなりの期間を必要とした。変形角度が相当に大きいことに対応するためと、耐久性を確保するための実験に長期間を要したからである。それにしても輸出を含めてほとんどの地区で問題を起こさなかったのに、なぜ千葉県だけに大きい不具合になったのか、当時千葉県は悪路が多いといわれてはいたが、いまだに納得しにくい思い出である。

一方、510型より後に生産することになった姉の⊕の残った仕事を追っかけて片付ける必要があった。エンジンはU18で計画を進めていたが、昭和40年4月のプリンス自動車との合併合意により両社で計画中の車の見直しが行われることになった。プリンスではスカイラインとグロリアにOHCのG15、G20の搭載が計画されており、設備のことを考慮するとその中間の1,800ccにはG系統でG18をつくるほうがよいという提案が出された。

ブルーバード510型が先行することになり、⊕に時間的余裕もできたので、G18を設計試作して比較検討をすることになった。U18は吸排気がエンジンの同じ側にあり、スタート時の暖機が早いなどの利点があり、G18は吸排気が別側にあるクロスフロータイプで、高速回転の出力がだしやすい形式であった。

試作の結果は、予想に反してG18のほうが中速でトルクが大きく、U18のほうが高速で馬力が大きかった。もちろん試作1号機でまだ十分なチューンナップもすんでないので、そのままで特性の判断はできないが。細かい点

でおのおの改良すべき項目もあるが、決定的にどちらでなくてはならないという決め手もないので、結局設備の効率を取り上げてG18エンジンを採用することに決定した。1,815cc、100ps/5,600rpmのエンジンである。

次に問題解決が必要になったのは、後面のデザインである。510型の設計最終段階で⊕の後ろのデザインがよいので、510に使用せよとの指示があり、⊕のデザインを使われてしまったのである。510と同じ後ろ姿で出すわけにも行かないし、後面のパネルの型は製作済みであるので、最小の変更で違った印象を出すことに知恵を絞った。後面上部にやや細い一文字のランプ群をおき、両わきの下に少し大型の丸い赤のレフレクターを配置した。ちょっとえくぼのような感じになるなとひとり悦に入った。

⊕はローレルと命名されて、昭和43年4月6日に発表発売された。計画時点では輸出にかなり重点をおいた車であったが、前年に発表されたブルーバード510型が輸出先で非常に好評であり、生産が間に合わない状況なので、この車は当分国内向けだけに生産された。⊕は画期的な内容をもつ新型車であったが、妹のブルーバード510型が先行して非常に好評であるのに対し、9ヶ月遅れのローレルは二番せんじの感が強く、せっかくのオリジナルの名誉はほとんど510にとられた。

・ブルーバード4ドアデラックス510型の主な仕様

4輪独立懸架、全長4,120mm、全幅1,560mm、全高1,400mm、ホイールベース2,420mm、車両重量905kg、定員5人、最高速度145km/h、エンジンL13型水冷直4OHC、83φ×59.9mm、1,296cc、72馬力（ブルーバード1600

初代ローレル

スーパースポーツセダンのエンジンは83φ×73mm、1,595cc、100馬力、最高速165km/h）。

・ローレルデラックスAC30S型の主な仕様

　4輪独立懸架、全長4,350mm、全幅1,605mm、全高1,405mm、ホイールベース2,620mm、車両重量985kg、定員5人、最高速度165km/h、エンジンG18型水冷直4OHC、85φ×80mm、1,815cc、100馬力。

ブルーバード510型の透視図

Ⅷ. ダットサンスポーツカーから フェアレディZへ

　昭和27年1月に戦後はじめての国産スポーツカーとしてダットサンスポーツDC−3型が発表された。誰が計画してどこで製作されたかは、吉原工場にいた私の記憶にない。シャシーはCS−5ベースであった。その前年の8月にやはりCS−5をベースにして乗用車、バンやトラックなどが発表されていたので、それらとシャシーをほぼ共通にしたものであるが、前の部分はむしろ戦前型の形を残したもので、クラシックなスポーツカーの雰囲気をもった車であった。

　シャシーの基本形は戦前の旧型であるが、戦後にエンジンは722ccから860ccに、ブレーキは機械式からオイルブレーキに、ステアリングはウォームアンドセクターからヒンドレーウォーム式に、ホイールベースは145mm延長するなど多くの変更がなされていた。全長3,510mm、全幅1,360mm、全高1,450mm、ホイールベース2,150mmで、エンジンは860cc20ps/3,600rpm、前方に倒れるフロントウィンドウをもち、ビニールレザー張りの4人乗り2列シートをそなえ、実用性と娯楽性をかね備えていたものであった。しかし、生産量はごくわずかで一般に普及するにはいたらなかった。その後はしばらくスポーツカーは生産されることはなかった。

　昭和31年5月、強化プラスチック(FRP)の研究とその実用化の推進を図ってこられた東京大学の林毅教授から要請があり、FRPの実用化の一つとして自動車の車体をつくりたいとの申し入れがあった。先生との相談の結

果、スポーツカーのボディを試作することで研究のお手伝いをすることにした。早速林先生と日東紡の強化プラスチック研究所および砿繊部の方々からFRPの工作法の勉強をさせてもらった。

　本体はガラス繊維をシュス織りした布に樹脂を染みこませたもの（ガラス繊維は約55％）を型に張り付けてゆく。型としては雄型は木材で車体外形状につくる。雌型はそれからFRPとバルサ（ひのき）材を3層にあてがってつくる。この雌型が生産用にされる。

　FRPだと大きい丸みのある形のほうがつくりやすいので、新たにその目的で新造形することにした。この設計試作の仕事は車体設計課の実吉、斎藤の両君におねがいすることにした。シャシーは210型（ダットサン1000と言われた車）をベースにしてフロントシートを100mm後ろに下げ、それに合わせてペダル、ステアリングハンドルなどのレイアウト、変速機のレバーなどを変更し、サイドブレーキを中央に移した。重量はかなり軽くなるはずなので終減速比を変更し最終的には4.875とした。その他車体および艤装関係の細部設計は元オオタ自動車の太田裕一氏に依頼した。太田氏はそれを機会に試作を手伝ってもらうことになり、太田氏の工場は翌年アルファモーターの名称で会社組織になった。

　昭和32年8月にこの車の試作は完成し、実車の実験と製作法の経験をまとめて、量産向きではないが、なんとか生産も可能であろうという程度にまとまった。経年変化によってフードの合わせ目などの狂いが実用範囲内におさまるかどうか、などはちょっと判断しかねた。また、プラスチックの塗装とその他の部分の塗装の色相の違いなどはなかなか解決の難しい問題のようだった。

　生産の決心のつかないまま、昭和33年のモーターショーに出品したところ存外好評だったので、S211型として少量生産にふみきった。差し当たり吉原工場でつくることになり、日東紡にある試作用の雌型を生産用につくり直してもらい、翌年の初頭にはほぼ生産準備がととのった。発売は昭和34年6月だった。

価格の問題もあり、国内ではあまり売れないだろうと予想されたので、むしろ米国への輸出を考えたほうがよいかもしれないという意見が出て、米国側の意向を聞いた。総代理店および日産の米国駐在員の意見と、米国へ出張された石原常務の意見を総合すると、「スタイルは良いから輸出を希望する。しかし、価格と性能が問題である。FRPは米国でもまったく経験のない車体であり、耐久性、安全性もはっきりせず、修理法も明確でなく、価格も安くできそうにないので、スチール製を希望する。最高時速は75〜80マイル出せることが必要である」などの要望があった。その意向にしたがいSPL212型としてスチールボディの左ハンドル車に設計変更をして生産する準備に入った。結局、国内向けのFRP車は20台程度の生産に止まった。

　SPL212型車はE型1.2リッターエンジンを搭載したが、もっとも大きな変更はもちろんFRPをあきらめてスチールボディに改めることだった。このスタイルはFRPでつくりやすいように丸みの多い角のほとんど無い形であったので、スチールボディにするには逆に非常につくりにくい構造になり、設計でも生産でもかなり苦労した車体であった。

　SPL212型は昭和35年1月に発表されて米国向けに輸出が始められた。シャシーは210型セダンをベースにしているのでフレームはハシゴ型、サスペンションは前後とも平行リーフスプリングでリジッドアクスル、全長4,025mm、全幅1,475mm、ホイールベース2,220mm、車重はスチール製車体に変わったため885kgに増加、定員は4名、エンジンはE型1,189ccで43ps/4,800rpmに変わったので、最高速は132km/hとなった。

　昭和31年に東大の林教授に指導されて始めたFRP車体はスポーツカーを生み出したが、充分な研究と経験を積まないままに、仕事としては中断してしまったことは誠に残念であった。

　その後、昭和35年7月にスイスのザウラー社を訪れた時、そこでは少量生産であることが主な理由で、大型のトラックのキャブをFRPでつくっている作業室を見学して感慨ひとしおであった。この会社は大きな収益源は

Ⅷ. ダットサンスポーツカーからフェアレディZへ

ディーゼルエンジン関係の特許料であるとのことで、トラックの生産は典型的な多車種少量生産であり、ほとんど受注生産であるため、プレス型を使用する車体では採算もタイミングもあわないが、FRPであれば簡単な木型をもとにして生産できるので、この手法をとっているとの説明があった。

SPL212型の改良型として昭和35年10月にSPL213型を発表した。エンジンの排気量は変更しなかったが、E1型エンジンとして60psとし、前車軸はダブルリンク・トーションバースプリング形式の独立懸架となった。このハシゴ型フレームでの独立懸架は、同時期に61年式G223型として発表されたダットサントラックと、同じ形式のものであった。これにより動力性能、走行性能ともにかなり改善されスポーツカーらしくなってきた。

前年昭和34年7月にまったくの新乗用車としてブルーバード310型およびP310型が発表され、これには乗用車専用の逆ハット断面のフレームと新しい前車軸用の独立懸架が採用されていたので、これをベースにすればもっと本格的なスポーツカーができるはずと考え、改めて新造形のスポーツカーをつくる計画を進めた。

SPL213型のボディはスチール製とするには適当ではないので、生産性も考慮にいれたスタイルをとりいれた。後席を普通に設けるとうまく形がとれないので、1人が横向きに座る定員3人乗りとして計画した。これは中途半端な企画で結果的には成功と言えなかったが、実用上はかなりの荷物の置き場として使用されたようである(39年8月のマイナーチェンジで後席を廃止し2シーターになった)。

ダットサンスポーツ
S211型

111

エンジンはセドリック用に使用されたOHVのG型1,488cc、71ps/5,000rpm、最高速150km/hであったが、輸出用としてはツインSUキャブレターを使用して80ps、最高速155km/hであった。

　このスポーツカーは国内向けには昭和37年10月にSP310型として発表された。主な仕様は全長3,910mm、全幅1,495mm、全高1,285mm、ホイールベース2,280mm、トレッド前1,213mm後1,198mm、車両重量870kg、定員3名、前車軸はダブルウィッシュボーン・コイルの独立懸架、後車軸は平行リーフスプリングのリジッドアクスルである。

　この車は昭和38年5月鈴鹿サーキットで開かれた第1回日本グランプリレースの国内スポーツカーレースに出場して優勝した。そのときは輸出用のツインSUキャブレターを装備し80ps仕様であった。この直後に国内向けの車もこの仕様のエンジンを採用し、最高速155km/hとして販売された。

　昭和40年5月にはSP311型を発表した。エンジンはR型OHV1,595ccで90ps、最高速165km/hとなった。0〜400m加速で17.6秒の俊足を誇った。この変速機は4速でポルシェタイプのシンクロ機構を採用し、前輪にディスクブレーキを装着した。

　ここでポルシェシンクロについて述べておく。昭和36年11月にイタリアに2週間ばかり滞在したことがある。そのとき、P社のR.Calri氏の紹介でアルファロメオ社の開発担当者にいろいろと教えを乞うた。お会いしたのは設計、実験担当のディレクターDr.Puliga氏であり、そのときの話題の一つは変速性能であった。

　私は「トリノの街路で乗せてもらったアルファロメオの車はかなりの高速でも変速、特に減速時のシフトが強力に行えるのに感心した。どうすればそのようにできるのか。私たちの車もそのようにしたいので」と質問した。

　彼から「具体的にどの速度で変速したいのか」と聞かれたので、「90kmの速度で4速から3速にチェンジすることを可能にしたい」と具体的な数字で希望を述べた。

　彼は暫く考えて「それを可能にするにはポルシェタイプのシンクロ機構が

必要だろう。ポルシェ社の設計技術担当のチーフIng.Schmid氏に問い合わせるとよい。日産の目的の車の仕様(クラッチの直径を含めて)を書いてアルファロメオから紹介されたと言えば答えてくれるはず」と教えてくれた。

帰国後、シャシー設計課の高木猛君に特命としてこの導入について依頼した。彼は米国育ちで、しかも変速機については日産内でも第1人者という最適任者であった。ポルシェとの折衝にかなりの時間がかかったが、昭和38年末には契約が成立し、ブルーバードSSS系およびフェアレディに採用する準備に入った。

このシンクロ機構は、シンクロする際にリングの摩擦力によるサーボ作用で強力に同期する設計である。その主要部に円環の一部を切り離したようなC形の部品があり、それにちなんで、社内ではCシンクロと略称した。これを採用したブルーバード1600とフェアレディSP311型とが昭和40年5月31日に同時に発表発売された。

このポルシェ型シンクロには思わぬ苦い経験がある。国内販売ではシンクロする感じは今までのワーナー型のシンクロとかなり違ってはいたが、特に問題になる苦情はなかったのに、米国に輸出した車に思いがけずかなり多くのクレームがでた。シンクロ装置が摩損するというのである。

種々調査したが、要するに使用方法の違いのようだった。米国では自動変速機の普及で、変速する際にクラッチを使用しない人がかなりいるということがわかった。普通のワーナー型のシンクロではクラッチを使用して

フェアレディ
SP311型

いったん動力伝達を断たないかぎりまずギヤチェンジはできないが、ポルシェ型のときにはクラッチを切らないままでもアクセルを離すだけで、強引にギヤチェンジすることが可能らしく、そのために摩損するということがおもな原因のようだった。

米国のドライバーをすべて教育するわけにもいかず、しばらく後に米国向けだけはポルシェシンクロを使用することをあきらめた。結局、強力シンクロであるために生じたクレームであろうと思う。アルファロメオやポルシェの米国向けの車はどうだったのか、日産だけの問題だったのか、私はその後の経過を知らない。

フェアレディは、その後昭和42年3月にSR311型を発売した。エンジンはU20型145ps/6,000rpm。このエンジンはH20型エンジンをOHCの5ベアリングに改造し、ソレックスキャブレター44PHHを2連装としたものである。

ここで、新しく開発したフェアレディZについて述べることにする。

オープンカーのフェアレディではフレーム構造を頑丈にしても、なかなか車体の剛性が上がらない。その補強でシャシー重量は重くなる。また、衝突時の安全を高めるための工夫もなかなか難しい。それらを考えるとオープンカーよりもクローズドカーの方が有利であると判断して、将来のスポーツカーとしてはクローズドタイプを計画しておくほうがよいと考え、新しい車を企画した。

昭和41年から Ⓩ という記号で設計試作に取り掛かった。設計思想の要点

フェアレディ
SR311型

Ⅷ. ダットサンスポーツカーからフェアレディZへ

は次の通りである。
①スポーツカーとして十分な性能を発揮できる素地をもつこと。すなわち、エンジンは6気筒のものが使用できること。車としてはモーメントオブイナーシャ(慣性能率 I)をできるだけ小さくするように重量を中央に集めるようにする。なおかつ、剛性の高い構造として、かつ軽くする。四輪独立懸架とする(未発表だったが、すでにローレル、ブルーバードで四輪独立懸架は実現しつつあった)。
②乗心地、騒音防止、装備などは乗用車に近い実用性をもつこと。
③原価は現在のフェアレディより安くすること。そのために他車種との部品の共通性を高めること(幸いにして他の車種も高性能化の改良が急ピッチに進んでいたので、利用できるユニットは相当多かった)。

フロントサスペンションとしては、マックファーソン式が最も簡素で、機能も充分採用可能なものであると考えて第一候補としたが、特許の関係でなお不分明なところが残っていた。リヤサスペンションとしては軽量で比較的前後のバランスも良さそうなので、あまり例は見ないが、マックファーソン式に似たストラットとコイルの組み合わせの独立懸架とした。

エンジンはセドリック用に開発したOHC6気筒のL20型およびそのオーバーサイズのL24型を予定した。

この企画はまだ時期が決められているものでなく、急がされる仕事でなかったので、先行しなくてはならない部分から順序よく設計することができ、フィードバックしてやり直さなくてはならないことが非常に少なかったことで、他車に比べて大変少ない工数で仕上がった仕事である。

一般に、商品の設計は時期を決められて、あとは1日でも早くと急がされる。やむをえず全部品の設計を同時並行して多人数でやらなければならなくなる。自動車のように多くの装置が複雑に入り組んでいるものでは、一部分の設計が他の部分の設計に影響することが多いので、並行して設計したもののうち、かなりのものに修正する必要が出てくる。

場合によっては時間不足で我慢して、不満足な設計のまま商品になって

いく可能性もある。無理に急がせる命令は、意外に膨大な設計工数の増大を引き起こすものであることを充分理解しておかなくてはならならない。

　Ｚは設計部門で計画され、試作実験もある程度進行し、実用化のメドもついてきたが、まだ会社としての認知は得ていなかった。一方、プリンス自動車が合併された後の、車両の企画には新たに多くの変動要素が生じた。プリンスで試作していたR380Ⅱ型のGTレースカーが昭和42年10月に谷田部のコースでの公式試験で、7種の国際記録を達成した。このエンジンは6気筒のG8B型で、432エンジンと略称されていた。これは4バルブ、3キャブレター、2カムを表現したもであった。その3週間後にこのエンジンをスカイラインGTBとして使用する提案がなされた。

　その審議の間に「日産はスポーツカーとしてフェアレディを持っている。それに先行してGTカーの方に最も先進的な高性能エンジンを採用するのは少々問題がある。フェアレディにこれを採用することができるかどうかを至急検討する必要がある」という意見が強くでた。

　設計部門の検討結果を2週間後に報告することになった。ホイールベースを2気筒分長くするよりほかに方法がないので、そのレイアウトで改造の模型をつくったが、これではだれの目にも姿のよいスポーツカーとは映らなかった。いわばダックスフントを連想する形であった。その模型から少し離れたところにシートカバーをかぶせたＺを準備しておいた。

　検討に来られた首脳陣は改造フェアレディを見られて、やはりこれでは無理だなとの結論が出された。そこで隣のＺのカバーを取ってご覧に入れて、この車ならば6気筒でレイアウトしてあるので、G8B型エンジンでも搭載可能である旨説明した。皆さんＺが気に入って、晴れてこの車が認知されたのである。

　しかし、これを生産に移すにはかなりの時間がかかるので、このエンジン使用をそれまで待つわけにはいかないので、スカイラインに搭載することは本決まりになった。

　さてＺを生産販売する問題については、いろいろ気にかかる点が指摘さ

VIII. ダットサンスポーツカーからフェアレディZへ

れた。いままでオープンカーとして開拓した米国市場で、果たしてクローズドカーがそれに替わり得るであろうかという懸念があること。また、一目見ていかにも高価に見えるので、価格の面で競争力を失うのではないかという心配である。計画者は合理的な構造なので、原価はむしろ安くなると主張したが、上の人には通じなかった。

ユニットおよび車両の機能試験および耐久実験による改良で大部分の心配はなくなったが、最後まで残った問題点はデフ(終減速装置)の油温が高くなり過ぎることだった。ゴムやプラスチック系のオイルシールなど、耐熱耐久性が問題になる部品が使用されているための心配である。デフは車体に対して固定されていて、床もスポーツカーの性格上なるべく低くしてあるのでデフと床との間の空気の流れが不足で、冷却不十分のためである。床の形状変更や導風板などで工夫したが、ついに内規の合格基準には到達しなかった。しかし、このことは市場ではついに一度も問題になったことはなかった。私たちの基準がシビアすぎたのかも知れない。私は昭和44年4月に設計部門を離れた。

この車は昭和44年11月に発表された。開発中には㋿の記号を使っていたことも関係して、フェアレディZと名付けられたのであろう。国内用はL20型エンジンであったが、輸出にはL24型エンジンが使われたので、米国では240Zが公式名として採用された(米国内ではTwo-Forty-Zeeと発音されている)。

フェアレディZ

オープンカーと4人乗りの車が要望により計画されたが、前車は240Zの好評で消滅、4人乗りは後に追加されてだんだんGTカー的な性格の車になっていった。

■フェアレディZ　Z30－Sの主な仕様
全長4,115mm、全幅1,630mm、全高1,285mm、ホイールベース2,305mm、車両重量975kg、乗車定員2名、最高速度185km/h、登坂能力($\sin\theta$)0.467、最小回転半径4.8m、エンジン型式L20、OHC直列6気筒、78φ×69.7mm、1,998cc、圧縮比9.8、最高出力130ps/6,000rpm、最大トルク17.5kgm/4,400rpm

■フェアレディZ432型の仕様の主な相違点
エンジン型式S20型、ツインOHC、82φ×62.8mm、1,998cc、圧縮比9.5、最高出力160ps/7,000rpm、最大トルク18.0kgm/5,600rpm、車両重量1,040kg　最高速度210km/h、登坂能力0.462（Z432型は正式の型式番号ではない。フェアレディZの生まれるきっかけになった高性能レース用の通称432エンジンを搭載したフェアレディのこと）

フェアレディZ432型(1969年)

IX. ダットサントラック

　吉原工場で戦前のタイプに近い姿でダットサントラックの生産が再開されたのは昭和21年で、1121型としてはじめて発売されたのは21年11月2日である。昭和20年代のダットサンは乗用車よりもトラックの方が生産量が多く、また乗用車は日産の工場では生産されていなかったので、当時私のいた吉原工場としてはトラックの方が親しみが深かった。

　乗用車は街では大部分小型のタクシーとして使用されていたために、多くの不具合を指摘され、クレーム問題で苦労したが、トラックでは乗用車ほどの問題はおこさなかった。それは一つには荷台とキャブとは分離されていて、フレームの剛性の不足に起因する車体の捩れによる損傷がほとんど無かったことによる。もう一つは、トラックは中小商工業者が主に使用していて大きな荷重で使用されることが少なく、また走行距離も乗用車よりはるかに少なかったことによるものと思う。トラックの車体に関係するトラブルはあまりなかったので、乗用車のクレーム対策をすることで、トラックの問題も大部分解消できた。

　昭和30年代に入って、乗用車の110型とともに大きなモデルチェンジをして生産を開始した後の120型ダットサントラックは、従来の不具合箇所が大幅に改善されて評判のよい車となった。この時代は車体以外は乗用車と共通の構造だったので、当分の間乗用車と同一の改造がなされていった。マイナーチェンジとして次の型式がある。

122型（昭和31年1月発売）。これはワイパー系の剛性不足によるトラブルを解消するための、かなりおおげさなインストルーメントパネルの変更であった。発表の際の改良点の説明には入っていないが、これが主目的。そのほか横にいる車にもわかるように方向指示ランプをフェンダーの上に出す変更（あだなは蟹の目玉）、始動性改善のためのスロットルボタンとチョークボタンの単一化など。

123型（昭和31年6月1日発売）。変速機をリモートコントロール式に。これは昭和30年1月に発表の、オースチンA50（ケンブリッジ）がリモコンであることで、ダットサンにもと強い要望が出されて新設計したものである。その他トランスミッションケースとデフキャリアーのアルミ化など。

少し話がさかのぼるが、昭和30年2月にダットサントラックの左ハンドル車の要求が来た。早速シャシー設計課が担当となって、その計画をすることになった。これは米（こめ）の輸入の見返りとしてウルグアイに60台出荷するというもので、9月には確定的な注文となった。計画でいちばん困ったのは左側の運転席ではクラッチペダルの機構がうまく収まらないことだった。左足で使うクラッチペダルが車の中央側でなく左の端にくるからである。やむをえず機械的なメカニズムをやめて油圧機構を採用し、ペダルも吊り下げ式とした。10月10日からL122型として営業渡しされた。乗用車112型は12月13日、トラック122型は31年1月発売であるので、新型車としては左ハンドル車のほうが早く出荷された珍しい結果になる。後に新型1リッターエンジン（ストーンエンジン）を採用した210型、220型に吊り下げ型のペダルとしてそのまま引き継がれた。

220型車開発については、先に前章で述べてあるので、ここでは省略する。しかし、その中の昭和33年4月〜5月のアメリカでの実地試験のところでふれた小型トラック市場の有望性について少し付け加えることにする。

小型乗用車は欧州の多くの会社から米国へ輸出されており、その中で最も台数が多く強力な壁と思われるのはフォルクスワーゲンであった。それ

IX. ダットサントラック

ばかりでなく、これに対抗する動きが米国内で活発で噂に上る車もあった。それに比べてダットサントラックは米国内の市場には対抗車が無く、したがって、需要の予想もできなかったが、もし買い手があるとすれば、他の競争車が無いので商売として成り立つかもしれないと思った。

昭和35年1月のロスアンゼルスの自動車ショーに出品したL220型車に注目した人はいたようだが、なにしろ運転席が窮屈で評判にはならなかったようである。しかし、私は運転席だけでもゆったりさせれば、頑丈だという特質を生かして需要が見込めるのではないかと考えた。また、日本のように重荷重を考えることも無さそうなので、帰国してから米国向けにどうすればよいかを考えることにした。

帰国してからは対米輸出乗用車用を主目的にして新たに1.2リッターエンジンを特急に開発して、付け加えた生産準備中の初代ブルーバード310乗用車をまとめるとともに、220型トラックも運転席を後ろへ75mm広げ、荷台をその分縮めること、および軽荷重での乗心地改善の小変更を加えた対米輸出車をまとめて出荷することにした。

米国では昭和33年に東西の2ディストリビューターを根拠にして販売を開始し、さらに35年9月に米国日産(株)が設立された。ブルーバード310型は35年3月に投入されたが、米国内では前の年に欧州産の小型乗用車に対抗するために5種類のコンパクトカーが相次いで発売された。フォードファルコン、ダッジダート、プリムスヴァリアント、シボレーコルベア、ウイルス

ダットサントラック120型

マーベリックなどである。米国日産の乗用車販売は、これらのコンパクトカーと欧州車との激しい販売競争の影響を強くうけて、苦しい経営状態に追い込まれたが、日本からの資金の応援とダットサントラックの台数は多くなくても安定した販売で最悪の時期を切り抜けた。その後のトラックのモデルチェンジには米国での販売が強く意識されるようになった。

220型には引き続いて次のマイナーチェンジがある。

G220型の追加（昭和33年8月）。国内向けにはホイールベースと荷台の長さを300mm長くして積載量を1,000kgとした。輸出向けとしては運転席を広げたことによって荷台を短縮するという犠牲がなくなった。

221型およびG221型（昭和33年10月）。59年型として発表、リヤアクスルの強化その他高速高荷重対応の改良、フラッシャーランプの位置をフェンダー上部から前面に戻す（米国で使用できないため）。

222型とG222型（昭和34年10月）。60年型として発表、内容未詳。

ここで、ダットサントラックの前輪独立懸架の経緯について述べる。

乗用車の前輪は独立懸架が望ましいという考えは、かなり前からあった。私は吉原分室にいたので本社側の動きはほとんど知らないが、資料によれば、昭和27年11月に研究所第四研究室市岡課長名でダットサン用の独立懸架研究試作の稟議が出されている。当時開発部門は四つの研究室に分かれていて、第四研究室は基礎研究担当である。オースチンとの契約が成立する直前の時期で、旧型のダットサンが860ccエンジンとなり、さらにオ

ダットサントラック220型

イルブレーキが採用された翌年である。したがって、計画は当時のCS−6シャシーの前部を補強して、モーリスマイナーのトーションバー式独立懸架を参考にしての試作であったようである。その直後に日産の紛争が拡大してきたので、その成果がどうなったか私は知らない。

設計部が新しい組織になった昭和29年には、㉑(110型乗用車と120型トラック)の準備進行と併行してオースチンA50型ケンブリッジの国産化準備も進んでいた。その影響もあり、㉑も独立懸架にすべきであるという意向がシャシー設計課で固まり、昭和30年2月にはシャシー設計課藤田課長名で㉑独立懸架乗用車試作の稟議が出されている。設計部に企画室の組織ができる前で、その後の新小型乗用車計画A48X、A49Xも存在しない時代である。当然、㉑をベースにして独立懸架を設計することを考えた。当時設計部で調査研究のために所有していたモーリスマイナーは華奢な車だったが、トーションバーを使った非常にすっきりした独立懸架で、それにほれこんでいた連中も多かった(後になって知ったのだが、この車はオースチンミニを設計した有名なイシゴニス氏がオースチン社に移る前に設計した車である)。

そこでできあがった計画も、その影響を受けている。そのときの計画はトーションバースプリングを使ってはいたが、その他はかなり独自の工夫の入ったものであった。ウイッシュボーンタイプのリンク機構を採用してあることまでは普通であるが、フロントスピンドルとの連結が独特のものである。スピンドルは上下に動く運動と舵取のための回転運動とがある。その双方をまかなうために、ボールジョイントが使用されるのが普通であるが、当時私たちはボールジョイントを設計し使用した経験がない。また、新たにスピンドル系を再設計するのでは、できたばかりの㉑の重要部品である前車軸系を大きく変更することになるので、採用の実現性が乏しくなる。

この二つの解決策として上下方向に動くウイッシュボーンの関節機能と操舵のための回転機能を分離することにし、ウイッシュボーンの関節には

ネジブッシュとゴムブッシュを使用し、そこで上下に動くナックルサポートにキングピンを握らせ、そのキングピンに㊝と同じフロントスピンドルを取付けるようにしたものである。また、リンク系の強度と剛性を高めるためにロアアームの前側にテンションロッドを備えた。

その年（昭和30年）の後半に新型乗用車の企画としてA48XとA49Xがスタートし、そのうちにA48X系の企画が進行して、昭和34年にブルーバード310型として実現することになるが、310型は採用が決定する直前まで、その強度を心配する声が根強くあった。そのために、一応210型乗用車を独立懸架にする計画を放棄せずに、併行販売もできる態勢をとることを考えておくことになったのである。したがって、共通シャシーのトラックの220型もいつでも独立懸架が採用できる態勢になっていた。しかし、初代ブルーバード310型の発売後、その売れ行きが急伸長したので、210型の併行販売の企画は断念され、その独立懸架計画は自然消滅した。

結局、この独立懸架はトラックのみに採用の可能性を残すことになった。そこで、ダットサントラックに独立懸架が必要かという別の新しい問題になった。当時、私は設計部企画室でダットサン（小型車の姓、大型車の姓はニッサン）を担当していた。私は220型車の独立懸架は促進すべきであると考えていた。

米国では営業用の大型トラックや建設用の作業車をあつかう作業員も、職場や現場への通勤には日本では考えられないことだが、ほとんど自家用車で通っていた。考えてみれば当然のことであるが、私は実情を見て驚いた。このことから米国でのダットサントラックの将来を考えると、当然乗用車に近い乗り心地と走行安定性を潜在的に要求するものであろうと判断した。最も需要が多くかつ競争が激しくなりそうな日本国内でも、この新しい機構と機能を持たせることで他車を引き離せると思われるので、せっかく準備も整いつつあるこの計画を推進した方がよいと判断して、そのむねを提案した。

IX. ダットサントラック

 昭和35年9月に223型として前輪独立懸架を採用したダットサントラックが発売された。このときの独立懸架は最初の企画より少し変化していた。この採用が決まった時点では、オースチンにかわる車として初代ニッサンセドリック30型（昭和35年3月発売）の開発が進んでいて、その部品が利用できるようになってきたので、前車軸関係はフロントスピンドルを専用部品とした以外は、ブレーキシステムなどはほとんどセドリックと共用部品となった。

 エンジンは国内向けも輸出用もE1型（E型の改良）1.2リッターに統一。ブレーキシステムとして前輪に30型と同一形式のユニサーボ式、後輪にデュオサーボ式を採用して、制動力は約50％増大。ステアリングはセドリックと共通のウォームローラー式に変更した。

 このモデルは車体の変更がなく、また型式番号も大きい変更を示すものでなかったため、モデルチェンジとして目立たなかったが、内容的には画期的なもので、その後のダットサントラックのシャシーの基本構造として、長期にわたって引き継がれたものである。

 320型ダットサントラックは昭和36年7月に発売された。223型発売の前年の昭和34年7月に、新乗用車ダットサンブルーバード310型が発表され非常に好評であったので、トラックもそのスタイルに近いものにしたいという要望で、310ルックの320型トラックがつくられた。形は似ていたが構造や寸法が異なっていたので、車体部品としてはあまり共通性はなかった。こ

ダットサントラック320型

のときにホイールベースは2,470mmに統一され、国内用も輸出用もキャブおよび荷台の長さが一本化された。変更内容は居住性、操縦性、防音、防熱、乗り心地の改善など細かい多くの改良の集積である。

　520型ダットサントラックは昭和40年5月の発売である。なお、420型はゴロがよくないので欠番として320型に次いで520型がつくられた。
　乗用車が410型として昭和38年9月にモデルチェンジしたのに呼応してダットサントラックも変更計画をした。410ルックで試作モデルをつくってみると、予想外にトラックにマッチするものになったので、車体計画はすぐに決定した。エンジンはストロークを延ばして1,299cc62馬力になったJ13型が完成したので、乗用車411型（昭和40年5月マイナーチェンジ）と同時に搭載した。トレッドを前後とも80mm広げ車両の全幅を97mm大きくして3人乗りとし、またホイールベースを60mm延長して、その分をすべて室内の前後寸法の増加にあて、ブルーバードとほとんど同じ運転席寸法となった。
　エンジン出力が55馬力から62馬力になったのに、車両重量は5kgしか増えなかったので、最高速、加速性、登坂性能などすべて向上した。その他乗り心地、防振、視界性、ワイパー機能など細かいところで改良がおこなわれ、独立懸架方式もそのまま引き継いだ。
　昭和40年10月以降職制変更により、ダットサントラックの担当はサニーおよび商用車の担当の高橋取締役に移ったが、この懸架方式は次の620型（昭和47年2月）になるまで使用されていたものと思う。いつかキングピンの使用をやめてセドリック30型用のボールジョイントに変更されたと思うが確認していない。

　次に、ダットサントラックのその後の販売、輸出および生産の推移について述べる。
　国内向けの販売はボンネット型の小型トラックの需要の変化、輸出は最大需要国である米国の関税問題（後述）の影響などで大きい変動があった。

IX．ダットサントラック

しかし、確証はもっていないが、一時は月産25,000台以上で、単一車種の商用車としては世界最量産の車であったと思われる。資料が正確でないかもしれないが、傾向だけでもつかんでいただくと表のようになる。なお、昭和57年以降は国内登録も輸出、生産とも減少している。

	国内登録（年間）	輸出（年間）	生産
昭和35年	32,727台	2,499台	34,260台
昭和40年	86,659台	17,251台	105,487台
昭和42年	103,161台（最大時点）	32,445台	142,432台
昭和45年	88,061台	97,147台（国内以上）	184,601台
昭和50年	53,204台	169,494台	217,865台
昭和55年	34,280台	281,952台（最大時点）	315,631台（最大時点）
昭和56年	30,856台	280,894台	310,864台
昭和57年	23,965台	231,644台	256,169台

※昭和57年以降はいずれも減少。

　昭和38年以降トラックの関税問題が複雑に関係して来て、ダットサントラックの企画に大きく影響するようになった。これはもともとECと米国との紛争から起こったものである。

　ECがチキンの輸入防衛処置として高関税を設定したことに始まり、米国は昭和38年にその報復処置としてFOB1,000ドル（当時1ドルが360円）以上のトラックの関税を8.5％から25％に引き上げた。この狙いは、フォルクスワーゲンの商用車の締め出しを企図したものである。

　このころはダットサントラックのFOBは1,000ドル以下であったから、直接の影響はなかったが、性能向上で安易にコスト高になることは要注意であった。しかし、だんだん原価高になるにつれてこの限界近くなるにしたがい、やむを得ず利益を削ってFOBを1,000ドル以下にせざるを得ない場合も生じた。

　最も企画に影響したのは自動変速機である。昭和44年4月に社内製の3N71型自動変速機が乗用車系に一斉に採用されても、ダットサントラックには、この高関税適用になるので、とても販売できないとして採用には至らなかった。昭和46年ニクソンショックで1ドルが308円になった時点では、

自動変速機でなくても到底1,000ドル以下にすることは不可能になった。やむを得ない高関税での輸出で売れ行きは頭打ちとなった。

その対応策として荷台を別送して現地で架装することにより、荷台なしの車(キャブ付きシャシー)と荷台おのおのに部品関税4%を適用するように申請し、昭和48年これが認可され、現地荷台組み立ての事業が開始された。ところが昭和53年になると、この方法が適法か否かの調査議論がはじまり、ついに昭和55年に財務省はキャブ付きシャシーを新たに未完成トラックと定義し、関税25%を課することを決定した。その後GATTの二国間協議に持ち込まれたが、有利に展開せず、そのままこの高関税が適用されている。この時点では自動変速機は関税の差の問題はなくなった。日産は昭和55年(1980年)4月にダットサントラックの現地生産に踏み切った。

おわりに

　本書をまとめながら、かねてから開発のありかたについて考えていたことをまとめて箇条書きにしてみました。

①他社の製品の販売成績がよいので、その分野の開発に乗り出そうとする考え方は勧められない。よくいって三番手くらいでしょう。一番手の会社はそれ相当の苦労があったはずだから、それを尊重する気持ちを持ったほうがよい。他社の製品を研究することはよいが、まねをしないこと。

②開発期間を短くすることを第一目標にすることに反対する。上の命令で強引な発表期日を設定すると、車の全装置の設計を併行して進行しなくてはならなくなる。自動車は多くの装置が込み入っているので、必ず途中で設計変更を伴う。それで工数が多くなるばかりでなく、他人の設計のために自分の設計を変える不満を内在する。また、気のついた改良を割愛したり、不具合箇所を姑息な手当で済ませようとして潜在的に不良な箇所を残すことになる。ひと月早く発表できるより生産寿命が一年でも長い車の方がよい。最後の一ヶ月は車が完成する大事な時期である。それをふた月にするともっとよくなる。

③欧州では似た車を出すことはデザイナーの恥であると言われる。この考えを経営者は持ってもらいたい。

④会社の首脳部は全員自動車人になってほしい。自社の製品を人に話せるような知識を身につけていただきたい。

⑤車種の整理は非常に大事な仕事である。経理上は簡単にわかることだが、大きな決断力が必要である。

⑥車種に名前をつけたらそれを大事にすること。そのためには、その車種を守り抜くグループを職制上の組織として持つことが望ましい。

⑦製品(部品、装置)を設計した人、図面を書いた人はその車が完成するまで、たとえ他の車の仕事に変わっていても、製品になった結果を追い求める習慣を身につけてもらいたい。はじめのうちは図面と製品とはかなり印象の違いがあり「しまった。まずいな」と思うことがある。それによって、自分の技量がわかり成長につながる。

⑧一度失敗した人にも一回は次のチャンスをつくってあげよう。失敗は非常に勉強になったはずだから。

●ダットサン関係年表●

年月日			内容
1910	6	25	鮎川義介、資本金30万円で戸畑鋳物(株)設立
1911	4	—	橋本増治郎、快進社自働車工場を創業
1912	—	—	快進社、第1号設計車(4輪ガソリン乗用車)試作に失敗
	9	—	久原鉱業(株)設立
1913	—	—	快進社、第2号設計のシャシー製作、試運転完了
1914	3	—	快進社、第2号車にボディ架装、ダット(DAT)自動車と命名して、東京・上野公園で開かれた大正博覧会に出品
1915	6	—	快進社、第3号設計車31型完成
1916	12	—	快進社、第4号設計による直立4気筒15馬力の単位鋳造エンジン乗用車完成(ダット41型乗用車)
1918	8	—	快進社自働車工場買収され、株式会社快進社として資本金60万円で新発足
	—	—	ウイリアム・ゴーハム来日
1919	—	—	快進社、4気筒1トン積トラック(ダット41型)を完成
	12	5	実用自動車製造(株)設立、資本金100万円、ゴルハム式三輪自動車の生産を目的とす
			技師長はウイリアム・ゴーハム
1920	2	—	(株)日立製作所設立(久原鉱業より分離独立)
	10	—	実用自動車製造(株)、大阪市に近代的自動車専門工場の建設に着手、12月に完成
	11	—	ゴルハム式三輪自動車完成
1921	9	—	快進社、経営難を救うため3/4トン軍用ダットトラックの製造を計画
	11	—	実用自動車製造(株)、ゴルハム式四輪自動車の製造に着手
1922	3	—	快進社、東京・上野公園の平和博覧会にダット41型を出品し、東京府から金牌を受ける
			また、実用自動車製造(株)のゴルハム式四輪自動車は銀牌を受領
	—	—	実用自動車製造(株)、経営困難のため、ウイリアム・ゴーハムは戸畑鋳物に移り、経営陣も交代
			ゴルハム式自動車を改造して、リラー号小型四輪車の製造を計画
1923	—	—	実用自動車製造(株)、リラー号小型車を発売
1924	10	6	ダット41型トラック(3/4トン)、甲種軍用保護自動車検定合格
1925	2	12	快進社のダット型応用車(3/4トン)、丁種軍用保護自動車の検定に合格
	7	21	経営不振のため快進社解散
			資本金10万円の合資会社ダット自動車商会設立
1926	9	2	新会社、ダット自動車製造(株)設立、資本金405,000円
			実用自動車製造(株)の資産資本一切を引継ぐ
	9	17	ダット自動車製造(株)、合資会社ダット自動車商会を合併
			資本金465,000円となる
1927	3	—	ダット51型トラック(1～1.5トン)乙種軍用保護自動車検定に合格
1928	—	—	ダット自動車製造(株)、御大礼記念事業として、新保護自動車の試作車(ダット61型)、東京—大阪間のテスト開始
	12	29	久原鉱業(株)を改組し、資本金5,000万円の持株会社日本産業(株)設立
1929	6	7	ダット61型トラック(1～1.5トン)、軍用保護自動車資格取得
	12	—	ダット自動車製造(株)、小型自動車の生産再開決定
1930	5	—	ダット自動車製造(株)、新小型乗用車(500cc)のシャシー完成
	10	—	ダット61型および新小型車の東京—大阪間10,000マイルの試運転開始
1931	6	29	ダット自動車製造(株)、戸畑鋳物の傘下に入り、資本金100万円に増資
			取締役に戸畑鋳物(株)専務取締役の村上五郎就任
	7	13	ダット自動車製造(株)、ダット71型トラックを完成
	8	—	ダット自動車製造(株)、新小型車の生産第1号車を完成
	8	29	戸畑鋳物(株)、ダット自動車製造(株)の株式買収を決議
1932	1	6	ダット自動車製造(株)の本社を、東京・丸ノ内の戸畑鋳物(株)内に移転
	3	—	ダットソンをダットサンに車名変更
	4	15	ダットサンの販売店として、吉崎良造、ダットサン自動車商会を東京に設立、販売開始
	9	1	大阪の豊自動車(株)、ダットサンの関西における一手販売店となる
	12	15	石川島自動車製作所、ダット自動車製造(株)、戸畑鋳物(株)の3社間で合併覚書締結
1933	2	28	(株)石川島自動車製作所とダット自動車製造(株)間、(株)石川島自動車製造(株)と戸畑鋳物(株)で正式合併契約締結
	3	1	ダット自動車製造(株)と(株)石川自動車製作所が合併、自動車鉱業(株)設立
	3	—	戸畑鋳物(株)、自動車部を創設
	9	22	自動車工業(株)からダットサン並に同部品の製造権と営業に関する一切の権利を2月28日に遡り無償で譲り受ける
	11	1	ダットサン車大改良、エンジン495ccから747ccに引上げる
1933	12	26	横浜市に資本金1,000万円(日本産業(株)600万円、戸畑鋳物(株)400万円出資)の自動車製造(株)を設立、取締役社長に鮎川義介就任
	12	31	戸畑鋳物(株)、自動車部を廃止、その設備および従業員を新会社に引継ぐ
1934	6	1	社名を日産自動車(株)と改称、全額日本産業(株)の出資となる
	7	—	ダットサン13型(1934年型)発表
1935	2	25	ダットサン14型(1935年型)発表
	4	12	横浜工場組立第1号車(ダットサンセダン)オフライン
	10	—	戸畑鋳物(株)、国産工業(株)と社名を変更
	12	27	ダットサントラック販売(株)、資本金100万円で設立

年月日			内容
1935	12	31	ダットサンのこの年の生産、3,800台に達す
1936	5	3	ダットサン15型(1936年型)発表会開催(5日まで)
	9	19	自動車製造事業法による許可会社となる
	10	ー	ダットサン15型後期型乗用車発表
	10	25	多摩川スピードウエイの日本自動車競争大会でダットサンレーサー(18号車)が優勝
	11	1	ダットサンデモンストレーター(女性のダットサン紹介係)を採用
	11	7	ダットサントラック新型(15T型後期)発表会(9日まで)
1937	2	22	ダットサントラック販売(株)と(株)ダットサン自動車商会の2社を中心にして、日産自動車販売(株)を資本金500万円で設立
	4	1	ダットサン1万台目オフライン祝賀式
	5	28	ダットサン16型(1937年型)発表会
	7	ー	ダットサン車、月産1,000台を突破(31日まで)
	12.		ダットサン車、年間生産8,353台の最高記録を樹立
1938	3	11	ダットサン17型、17T型(1938年型)発売
	5	26	横浜工場組立第1号車(昭和10年4月12日オフライン)から数えて2万台目のダットサン、オフライン
	12	ー	監督官庁の指令により、ダットサン乗用車は、事実上、生産中止となる
1939	5	25	定時株主総会で、鮎川義介が取締役会長に、村上正輔が取締役社長に、浅原源七が専務取締役に就任
1942	3	1	取締役社長に専務取締役浅原源七が就任
	11	9	日産自動車販売(株)を吸収合併
1943	12	ー	ダットサントラック、全面的に生産中止
1944	1	ー	ダットサン乗用車、全面的に生産中止
	1	17	軍需会社に指定される
	9	18	臨時株主総会で定款変更
			本社を東京・日本橋白木屋3階に移転し、社名を日産重工業(株)と改称
			取締役社長に工藤治人、取締役会長に鮎川義介就任
1945	3	ー	日本橋・白木屋の本社空襲にあい、東京・麹町区紀尾井町に移転
	5	29	横浜市大空襲をうけ、青年学校・市内疎開部署・社宅・寮など全焼
			横浜工場は無事
	6	4	工藤治人社長辞任
			取締役社長に村上威士就任
	9	30	当社の新発足にあたり、全従業員解雇
	10	1	全従業員のうち、1/3程度を再採用して生産再開
			臨時株主総会では、鮎川義介会長および村山威士社長が辞任、山本惣治が取締役社長に就任
	12	8	連合軍総司令部覚書により、制限会社に指定される
	12	11	米軍司令部軍政局から、横浜工場などのトラックおよびダットサントラック生産再開許可される
	12	15	日産興業(株)(昭和19年末設立)を復活し、日産自動車販売(株)設立、資本金40万円
1946	5	ー	吉原工場でダットサン車の再生作業開始
	7	26	吉原工場でダットサントラック戦後第1号車オフライン
1947	5	31	臨時株主総会で山本惣治社長辞任、箕浦多一、取締役社長に就任
	8	ー	吉原工場で戦後初のダットサン乗用車完成
	9	1	ダットサントラック2124型(1947年型)から2225型(1948年型)に切替え
1948	5	ー	新ダットサンデラックスセダン(860cc)試作車6台完成
	7	ー	三菱重工業(株)菱和機器製作所へ、ダットサンデラックスセダンの車体架装発注
	9	20	第1回商工省小型乗用車運行試験開催
			ダットサン722ccおよび860cc各2台参加(10月5日まで)
	10	20	吉原工場で、ダットサン3135型(1949年型)新型車のオフライン式挙行
	12	15	労働組合、企業合理化3原則反対闘争のため、24時間スト決行
1949	6	10	ダットサン乗用車の輸出向試作車3台完成
	8	1	社名を日産自動車(株)に復帰
1950	3	ー	吉原工場で50,000台目のダットサン、オフライン
	6	ー	吉原工場、ダットサン増産のための諸設備新設拡充
	8	ー	吉原工場で新ダットサンCS-5型(860cc)の生産に入り、9月から発売
	8	4	総司令部覚書により、制限会社指定解除
1951	9	26	1951年後期型の新ダットサン車、東京日産麻布サービス工場および大阪日産で発表会開催(27日まで)
	10	27	臨時株主総会で取締役社長箕輪多一辞任し、浅原源七、取締役社長に就任
	11	4	通産省主催国産小型乗用車性能試験3,000kmにダットサン3台参加(22日まで)
1952	1	12	ダットサンスポーツ、ダットサン2ドアスリフトセダンの新車発表会を、東京・田村町の日産館南側日本石油所有地で開催
	3	ー	昭和26年度輸出、ダットサン75台
	9	1	ニッサン、ダットサン車各種の定価販売制実施
	12	4	渡英中の浅原社長、オースチン社との技術提携契約に調印(23日、日本政府から正式認可)
1953	1	1	1953年型として、ダットサンCS-6型(DB-5型乗用車、6147型トラック)発表
	2	1	ダットサン乗用車をデラックスセダン(DB-5型)、スリストセダン(DS-5型)の2車種に統一し、5万円の大幅値下げを発表
	6	ー	25馬力ダットサンパワーユニット製造開始、7月から販売
1954	4	1	物品税の引下げにより、ダットサン乗用車値下げ

131

年月日			内容
1954	7	1	ダットサンリフトセダンを廃止し、ダットサンコンバー(DS-6)を発売
	7	20	ダットサン車、全車種にわたり再値下げ、月賦期間3ヵ月程度延長
	9	28	吉原工場で新ダットサン車(110型乗用車および120型トラック)の第1号車オフライン式挙行
	11	—	ダットサンデラックスセダン(DB-5)、ダットサンコンバー(DS-6)値下げ
1955	1	6	ダットサン110型セダン、120型トラックを横浜工場で発表
	4	—	横浜工場でも、ダットサン110型、120型(5月から)を、吉原工場と併行生産開始
	9	3	ダットサン110型乗用車、3万円値下げ
	11	—	吉原工場でダットサンエンジン10万号機のオフライン式挙行
	11	—	新三菱重工(株)名古屋製作所へ、一部外注していたダットサン乗用車ボデー、全面的に内製とする
	12	13	1956年型ダットサン112型乗用車、122型トラックを発表
1956	1	1	ダットサン112型乗用車、2万円値下げ
	2	—	ダットサン1,000ccエンジン試作完成
	6	1	ダットサン113型乗用車、123型トラック(リモートコントロール装置付)発売
	7	15	ダットサン113型乗用車、65,000円値下げ
	8	13	第2回毎日産業デザイン賞工業部門で、ダットサン112型セダン入賞
	11	—	ダットサン10万号記念車オフライン式
1957	2	1	ダットサン乗用車、ダットサントラック値下げ
	2	—	新日国工業(株)へ、ダットサン乗用車のリヤボデー組立から塗装完成までの外注を開始
	8	—	ダットサン用1,000ccエンジン製造開始
	10	28	ダットサンシリーズ値下げ発表
	11	1	ダットサンの新型車210型、220型発売
	11	1	東京・日本橋上の三越屋上で、ダットサン乗用車、ダットサントラックおよびダットサンスポーツの発表会開催(10日まで)
	11	30	取締役会で、浅原社長が取締役会長、川又克二専務取締役が取締役社長に就任
1958	1	9	米・ロスアンゼルスの輸入自動車ショーに、ダットサンL210型セダン2台、L220型トラック1台出品(19日まで)
	3	—	ハワイのレイランドモータースへ、ダットサン1000を5台出荷、引続き40台を輸出
	5	—	ダットサン乗用車466台の対米輸出契約締結
	6	25	ダットサンキャブライト発売
	8	—	ダットサントラックG220型発売
	8	6	在日ビルマ賠償使節団との間に、ダットサントラック270台などの輸出契約
	9	7	オーストラリア・モービルガス・ラリーに出場のダットサン1000第19号車フジ号、A級第1位に優勝。第14号車サクラ号もA級第4位入賞
	10	22	ダットサンシリーズ59年型発表
1959	2	26	オーストラリア・メルボルンの国際見本市にダットサン乗用車、ダットサントラック各1台出品(3月14日まで)
	4	4	ニューヨーク自動車ショーに、ダットサンセダン、スポーツ、ライトバン、トラック、ピックアップ出品(12日まで)
	6	—	プラスチックボデーのダットサンスポーツ(1,000cc)完成
	6	16	チリ・アリカ港のムサ商会との間に、ダットサンセダン、ワゴンの技術援助を含む契約締結
	7	—	吉原工場で新乗用車ダットサンブルーバードのオフライン式挙行
	7	29	新小型乗用車ダットサンブルーバード、東京・品川プリンスホテルで招待内示会開催
	10	22	60年型ダットサントラック各車種発売
1960	1	7	横浜工場でも、ダットサンブルーバード併行生産開始、オフライン式挙行
	3	19	横浜工場で、創立以来50万台目の車(ダットサンブルーバード)のオフライン式挙行
	3	—	輸出、月間1,000台突破(そのうち、ブルーバード500台)
	3	—	ブルーバード、月産4,000台突破
	4	6	ブルーバード6万円値下げ
	5	—	台湾の裕隆汽車製造で、ブルーバード第1号車完成
	5	20	メキシコ日産との間に、ブルーバードの国産化組立契約締結
	7	—	ブルーバードエステートワゴン、国内販売開始(輸出はすでに3月から開始)
	8	1	明治神宮外苑で7万人の夕涼み「ブルーバードフェスティバル」開催。ブルーバードなど100台参加
	9	28	ロスアンゼルスに米国日産自動車(株)を資本金100万ドルで設立
	10	—	61年型ダットサンシリーズ発売
1961	1	25	メキシコでダットサンブルーバードのノックダウン第1号車組立完成
	2	3	ブルーバードファンシーデラックス発表
	4	1	ニューヨーク国際自動車ショーに、ダットサンブルーバード、ダットサンスポーツなど7台出品(9日まで)
	8	7	ブルーバード新型およびダットサントラックの大幅なモデルチェンジ発表、同日発売
	8	22	オーストラリアの国際エコノミーランでブルーバード3位に入賞
	11	7	追浜工場のオフライン式挙行、セドリックとブルーバードの組立開始
	12	28	吉原工場で10万台目のブルーバードのオフライン式挙行
1962	1	1	新日国工業(株)、日産車体工機(株)と社名変更
	1	17	ダットサンキャブライト発売
	2	3	韓国のセナラ自動車会社と提携、ダットサンブルーバード、ダットサントラックの組立製造契約締結
	2	4	メキシコ・マサトラン市のセントラル・アメリカ・ラリーで、ダットサンブルーバード優勝
	4	21	ニューヨーク国際自動車ショーに、ダットサンフェアレディ、ブルーバードなど5台出品(29日まで)
	4	28	米国・ネバダ州ラスベガスのスポーツカーラリー女性の部で、ダットサンフェアレディ優勝(29日まで)
	6	15	ダットサントラックピックアップ・シングルシート発売

年月日			内容
1962	6	15	ダットサンブルーバード各車種3〜5万円値下げ
	8	29	南アの第5回インターナショナルトータルラリーで、ダットサンブルーバードBクラスに優勝(9月2日まで)
	9	—	ダットサンブルーバード用LPGキット発売
	10	—	ペルー・リマ市で行なわれたペルー自動車クラブレースのCクラスで、ブルーバード優勝
	10	4	新型ダットサンフェアレディ1500、国内販売開始
	11	—	ダットサンブルーバード、生産累計15万台を記録
	11	—	タイ国・バンコック市サイアムモーター社と、ブルーバードなど4車種の現地組立契約締結
	11	17	第11回イーストアフリカンサファリーに、セドリック、ブルーバード各2台の出場決定、安達隊長以下7名の結団式挙行
	12	28	タイ国・アイアムモーター社でブルーバードの現地組立第1号車オフライン
1963	1	21	自動車専用輸送船「東朝丸」、横浜港からブルーバード150台を初船積み
	2	12	創業以来100万台目の車がオフライン
	4	11	第11回イーストアフリカンサファリーにブルーバードセドリック各2台初参加(15日まで)
	4	—	ダットサンの生産、創業以来60万台を突破
	5	3	第1回日本グランプリレースのスポーツカーB級にダットサンフェアレディ優勝
	7	10	ブルーバードの生産累計20万台突破
	8	3	南アフリカ・ベイラ・ラリーでブルーバード総合優勝
	9	—	新ダットサンキャブライト1,000発売
	9	18	新ブルーバード(410型)発売
	11	30	フェアレディ用ハードトップ発売
1964	2	—	ブルーバードの固定式LPG車発売
	3	10	フィンランド、ノルウェー向けにブルーバード701台船積み
	3	23	ブルーバードスポーツセダンおよび全面的に改良したダットサンキャブライト発売
	3	26	第12回イーストアフリカンサファリーにブルーバード、セドリック参加 セドリック39号車入賞(30日まで)
	4	—	ブルーバード、月産1万台突破
	8	24	ダットサンフェアレディ1500の改良型発売
	9	9	ブルーバード2ドアセダンを新発売 ブルーバード1,000cc車は廃止
	9	26	第11回東京モーターショーにダットサン1500クーペを参考出品
	10	—	ダットサン、米国輸入乗用車登録台数でベストテンに入る
	12	26	「カナダ日産」正式に発足、本社はバンクーバー
1965	4	1	シルビアCSP311新発売
	5	14	J型エンジンを開発、ブルーバード411に搭載
	5	14	ダットサントラックをフルモデルチェンジ、520シリーズとして発売 ブルーバード411発表
	5	31	ブルーバード1600スーパースポーツセダンSSS、フェアレディ1600発表
	5	31	川又社長、プリンス自工(株)との合併覚書に調印
	9	1	南アフリカトータルラリーでブルーバード優勝(4日まで)
	12	2	アメリカ日産石原俊常務取締役、国内営業担当に就任のため、片山豊副社長が同社長に就任
1966	2	19	東京体育館(千駄ヶ谷)にてサニーの車名発表会
	3	3	ブルーバード生産累計50万台達成
	4	1	キャブライト、排気量アップ、A221シリーズとして発表
	4	7	第14回南アフリカサファリラリーにブルーバード1300SS4台参加、総合5位、6位、Bクラス優勝および2位(11日まで)
	4	23	サニー1000B10シリーズ新発売
	7	25	メキシコ日産、ブルーバード411の第1号車オフライン
	8	1	日産・プリンス自工正式に合併
	9	27	ダットサンベルギー社(資本金5,000万ベルギーフラン、本社アウトセラー)を設立
	10	22	ダットサントラックロングボデー車G520S発表 ダットサントラックにトラック初のデラックス車を追加発売
	10	29	東アフリカケニアラリーでブルーバード総合優勝
	12	—	サニー、12月の月間販売1万台突破
1967	2	21	サニートラックB20シリーズ新発売
	3	15	フェアレディ2000SR311シリーズ発表
	4	12	サニーに4ドア車、4段フロアシフトスポーツ車、トルコン車を追加発売
	5	7	サニー、オーストラリアBPラリーでクラス優勝
	5	25	ブルーバード、単一車種でわが初の国内登録50万台突破
	8	9	ブルーバードをフルモデルチェンジ、510シリーズとして発表
	10	1	サニー、オーストラリア・インターナショナルサザンクロスラリーでクラス優勝
	11	24	フェアレディ1600、1967年度全米選手権獲得(Fクラス)
1968	1	—	アメリカ日産、ジャクソンビル、デトロイトに事務所開設
	2	17	サニークーペKB10シリーズ発表
	2	—	ダットサン乗用車、アメリカの67年輸入乗用車登録で3位、ダットサントラック3年連続首位
	3	—	ダットサンフランス社を介しフランスに輸出開始

年月日			内容
1968	4	27	フェアレディ2000、オランダ・チューリップラリーでクラス優勝、総合3位
	6	3	ダットサントラックをモデルチェンジ、521シリーズとして発売
	7	29	オーストラリア日産とフォルクスワーゲン社、モータープロデューサーズ社(VWの子会社)でのダットサン乗用車の委託組立契約に調印
	7	—	アメリカ日産、乗用車の販売累計10万台突破
	9	8	サニー、マレーシア・GPレースでクラス優勝、サルーンカーレースでクラス優勝、2位、総合4位、6位
	9	23	ブルーバード、わが国初の1車種生産累計100万台を達成
	10	14	ブルーバード1600シリーズ発売
	11	3	ブルーバード、メキシコ・GPツーリングカーレースで第1レース、第2レースとも総合優勝、2位、3位
1969	2	28	ダットサントラック、トラック1車種でわが国初の生産累計100万台を達成
	4	3	第17回東アフリカサファリラリーでブルーバード、クラス優勝、チーム優勝(7日まで)
	8	4	ブルーバードセダン・ワゴン、フェアレディ1600・2000、ダットサントラックの70年型車5車種、アメリカ新排出ガス規制に合格、乗用車についてはアメリカ国産車、輸入車をつうじ第1号の認証
	8	20	サニーキャブC20シリーズ新発売
	10	18	フェアレディZS30シリーズ発表
	10	—	アメリカ日産、フェアレディ240Zを発表
	11	26	輸出累計100万台突破、ブルーバードは昭和34年以来の輸出累計40万台突破
	11	30	フェアレディ2000、1969年度全米選手権獲得(Dクラス)
1970	1	6	サニーをフルモデルチェンジ、B110シリーズとして発売
	3	2	ダットサントラック1500シリーズ発売
	4	1	第18回東アフリカサファリラリーにブルーバード1600SSS改良車4台参加、総合優勝、2位、4位、クラス優勝、チーム優勝、サファリ完全制覇達成
	8	—	アメリカ日産、サニー2ドアを販売開始(1736ドル)
	10	17	サニーキャブをチェリーキャブと車名変更
	12	—	イギリスのニッサンダットサンUK社を解体、ダットサンUK社(資本金20万ポンド、本社ワーシング)を設立
1971	1	20	サニートラックをフルモデルチェンジ、B120シリーズとして発売
	4	1	サニーエクセレント1400シリーズ発売
	4	8	第19回東アフリカサファリラリーにフェアレディ240Z3台参加、2年連続制覇(12日まで)
	5	20	ブルーバード、カリフォルニア州大気資源局(CARB)のNOxテストに合格、認証を受ける
	6	1	日産車体工機(株)、日産車体(株)に社名変更
	6	1	東急機関工業(株)、日産工機(株)に社名変更
	8	10	ブルーバードU610シリーズ新発売
	11	1	フェアレディ240Zシリーズ国内向け発売
1972	1	31	第14回モンテカルロラリーでフェアレディ240Z、総合3位、クラス2位
	2	17	ダットサントラックをフルモデルチェンジ、620シリーズとして発売
	5	10	アメリカ日産、本社ビル落成式挙行(カリフォルニア州カーソン)
	5	23	フェアレディ240Z、米誌『カー・アンド・ドライバー』の万能車部門人気投票で第1位
1973	4	19	第21回東アフリカサファリラリーで総合、チーム、3クラス優勝の5冠制覇(23日まで)
	5	1	サニーをフルモデルチェンジ、B210シリーズとして発売
	5	—	アメリカ日産、5月の販売実績、史上最高の3万4859台達成
	8	29	ブルーバードU2000GTシリーズ発売
	11	29	取締役会で川又社長が取締役会長に、五十嵐正副社長が取締役副会長に、岩越忠恕副社長が取締役社長に、石原、佐々木定道両専務取締役が取締役副社長に就任
1974	1	17	フェアレディZ2by2シリーズ発売、ニッサンバイオレットバン発売
	9	20	アメリカ環境保護庁(EPA)、75年型車燃料経済性テストでダットサンサニー第1位と発表
1975	1	23	米国日産首脳人事異動を発表 新社長に間島博取締役が就任
	6	6	米国日産、サニーの販売価格を40~80ドル値上げすると発表(9日実施)
	9	22	米EPAの'76年型車の燃費公式テストの結果、サニーはスバル、シボレー・シベットとともに第1位となる
	10	23	ダットサントラックの50年度排出ガス規制適合車を発売
1976	5	6	ダットサントラックにカスタム、デラックスを新設定
	7	9	ブルーバードを全面改良して、810型新発売
	7	28	米国における販売台数200万台達成
	11	10	米国日産、'77年車型の小売価格を平均3.8%値上げ
	12	7	米国日産、新体制発足
	12	23	九州工場で、第1号生産車のダットサントラックがオフライン
1977	2	1	米国日産、ブルーバード、シルビアの販売を開始
	5	2	米国向、'77年型車の現地価格を平均2%、85ドル引上げ
	5	31	新役員人事発表(6.29付)石原俊副社長が社長に昇格
	7	29	米国日産、'77年型車の販売価格を平均3.8%引上げ、8月1日実施
	8	16	米・南加自動車クラブ、ブルーバード810を最優秀輸入車(総合第1位)に選出
	8	22	ブルーバードの国内登録累計200万台を突破
	9	29	サニー(乗用車)の国内登録累計が、66年4月発売以来、200万台を突破
	10	12	豪州サザンクロスラリーでバイオレットが1位から3位まで独占

年月日			内容
1977	10	18	米国日産、'78年型車小売価格を平均3.3%、148ドル値上げ
	10	25	サニーを全面改良、53年度排出ガス規制適合車として、11月21日発売
	11	4	ブルーバード国内登録200万台記念の特別仕様車を限定発売
	11	28	サニーシリーズ国内登録累計300万台達成
1978	1	6	輸出ブランド「ダットサン」を「ニッサン」に統一することを決定
	1	24	ダットサントラック生産累計300万台突破
	3	3	ダットサン、オーストラリアエコノミーランを3年連続制覇、総合優勝、2位、3位およびクラス優勝(6日まで)
	3	23	第26回サファリラリーで、バイオレットがクラス優勝、総合3位を獲得(28日まで)
	5	29	第25回アクロポリスラリーでバイオレットがクラス優勝、総合3位、4位を獲得(6月1日まで)
	7	—	サニー乗用車輸出累計200万台を突破
	7	—	フェアレディの輸出累計50万台を突破
	8	17	フェアレディZを全面改良、S130型として発売。あわせて2800シリーズを追加発売
	10	14	第13回サザンクロスラリーでバイオレットが2年連続総合優勝、クラス優勝を獲得(18日まで)
	10	20	ダットサントラックにディーゼル車を追加発売
	10	—	米国日産、'79年型車の販売価格を7.9%値上げ
	12	26	創立45周年記念で、警視庁などにパトカーとしてフェアレディZを贈呈
1979	2	5	ダットサンフェアレディ280ZX、米国の1979年インポートカー・オブ・ザ・イヤーを受賞(3月20日受賞式)
	3	5	サニー、米EPAの'79年型車燃費ランキング(ガソリン車)で、2年連続1位獲得
	4	16	第27回サファリラリー(4月12〜16日)において、バイオレットが総合優勝、クラス優勝、チーム優勝の三冠王を獲得
	5	31	第26回アクロポリスラリー(28〜31日)で、バイオレットがクラス優勝とチーム優勝獲得
	8	26	'79年1000湖ラリー(24〜26日)でバイオレットがクラス優勝
	9	16	'79年ケベックラリー(13〜16日)でバイオレットがクラス優勝
	10	2	ダットサントラックを全面改良して発売
	10	17	第14回サザンクロスラリー(13〜17日)で、バイオレットが優勝。3年連続完全制覇
	11	2	ブルーバードを全面改良して発売
	11	9	ダットサントラックの輸出台数累計が10月末で200万台突破と発表
	11	21	'79年RACラリー(18〜21日)で、バイオレットがクラス優勝
	12	1	米国日産、社長人事発表 新社長に荒川哲男取締役が就任
	12	13	ブルーバードシリーズにワゴン追加。さらにバンを全面改良して発売
1980	2	8	サニー、米EPA'80年型車燃費ランキングで3年連続トップ
	3	26	ダットサンバネット発売
	3	31	ブルーバードにターボチャージャー付車を追加発売
	4	2	ダットサントラックに四輪駆動車を追加して発売
	4	8	第28回サファリラリーでバイオレットが、総合優勝、クラス優勝、チーム優勝の3冠王を2年連続獲得
	4	25	ブルーバードにディーゼルエンジン搭載車を追加発売
	5	31	第27回アクロポリスラリーで、バイオレットがクラス優勝とチーム優勝
	9	2	'80年1000湖ラリーでバイオレットがクラス優勝
	9	18	'80年ニュージーランド・モトガードラリーでバイオレット総合優勝
	10	23	第15回サザンクロスラリーでバイオレット4年連続総合優勝
1981	4	22	第29回サファリラリーでバイオレットが史上初の3年連続完全制覇
	5	26	ブルーバードの生産累計500万台達成
	6	7	ギリシヤのアクロポリスラリーでバイオレット、チーム優勝(4日まで)
	7	17	輸出ブランド名を「ニッサン」に統一する方針発表
	7	31	ダットサントラックの生産累計400万台達成
	8	28	'84年1000湖ラリーでバイオレットが総合第4位を獲得(30日まで)
	9	15	ダットサントラックの輸出累計250万台達成
	10	13	サニーを全面改良し、FF車として発売

※日産自動車発行の社史を主な資料として作成

● 車種型式別製造期間一覧（1966年まで）●

区分	年次	型式	1931	1932	1933	1934	1935	1936	1937	1938	1939	1940	1941	1942	1943	1944	1945	1946	1947
小型乗用車	1931	ダットソン	●													●			
	1932	ダットサン 10		10	11	12	13	14											
	1936	15						15	16	17									
	1947	DA																	
	1950	DS																	
	1952	DS-2																	
	1951	DS-4																	
	1954	DS-6																	
	1947	DB																	
	1950	DB-2																	
	1954	110																	
	1957	210 ダットサンブルーバード																	
	1959	310																	
	1963	410																	
	1959	P211																	
	1959	P310																	
	1963	P410																	
	1965	R411																	
スポーツカー	1952	ダットサンスポーツ DC-3																	
	1959	S211																	
	1962	ダットサンフェアレディ SP310																	
	1965	ニッサンシルビア CSP311																	
小型トラック	1934	ダットサン 13T				13T	14T	15T	16T										
	1938	17T								17T									
	1946	1121																1121	
	1947	2225																	
	1948	3135																	
	1950	4146																	
	1951	5147																	
	1952	6147																	
	1955	120																	
	1957	220																	
	1958	G220																	
	1961	320																	
	1965	520																	
	1958	ダットサンキャブライト A20																	
	1960	A120																	
	1964	A220																	

※『日産自動車三十年史』より引用

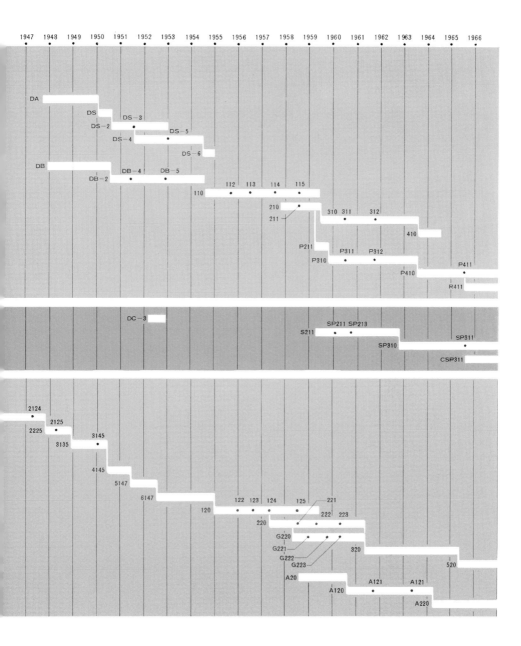

ダットサン車の開発史
日産自動車のエンジニアが語る　1939−1969

2018年10月11日　初版発行

著　者	原　　禎一
発行者	小林謙一

発行所　株式会社 **グランプリ出版**
　　　　〒101-0051　東京都千代田区神田神保町1-32
　　　　電話 03-3295-0005(代)　FAX 03-3291-4418
　　　　振替 00160-2-14691

印刷・製本　モリモト印刷株式会社

©2018 Printed in Japan　　　　　　　ISBN-978-4-87687-359-3　C2053

グランプリ出版の刊行書

ダットサン510と240Z
ブルーバードとフェアレディZの開発と海外ラリー挑戦の軌跡
桂木 洋二 著

日産の知名度を世界で向上させ数々の成果を挙げた、海外でのラリー活動。世界有数の海外ラリーであるサファリラリーでは、2度の優勝を獲得し、世界に「ニッサン」と「ダットサン」の名を轟かせ、日本国内をはじめ世界に多くのファンを生んだ。本書は、当時から綿密な取材を続けた著者ならではの分析で、その活躍の様子を詳細に解説した決定版。

定価：本体2,000円＋税

A5判／249頁／978-4-87687-355-5

日産大森ワークスの時代
いちメカニックが見た20年
藤澤 公男 著

「星野一義氏」「鈴木亜久里氏」など、多数のスターを輩出した日産のワークス活動は、「追浜」と「大森」が有名で、圧倒的な人気を博していた。本書は、当時の日産のモータースポーツ活動の一端について、実際に大森のメカニックとして活躍した著者が解説する、類のない書。当時の貴重な写真も多数収録し、さらに大森ワークスの活動を中心とした詳細な戦績表も併せて掲載し、資料性も高めている。

定価：本体2,400円＋税

A5判／216頁／978-4-87687-347-0

走りの追求
R32スカイラインGT-Rの開発
伊藤 修令 著

「走りのスカイライン」の復活を目指した、R32スカイラインの開発の経緯とともに、16年ぶりに復活となった「GT-R」の誕生までを担当主管自身が語る詳細なドキュメント。
多くのファンを持つスカイラインの中でも、特に人気の「R32スカイラインGT-R」は、どのように開発されたのか。当時の責任者が、日産の総力をあげて取り組んだその様子を語る、唯一の書。

定価：本体2,000円＋税

A5判／192頁／978-4-87687-345-6